U0665563

"十四五"职业教育国家规划教材

电类专业共建共享系列教材

PLC 技术与应用

阳兴见　周永平　主编

张　鹏　罗朝平　雷菊华　夏西泉　副主编

杨清德　主审

科 学 出 版 社

北 京

内 容 简 介

本书入选首批"十四五"职业教育国家规划教材，依据教育部颁布的职业学校"PLC 技术与应用"课程教学要求，并参照有关国家职业技能标准和行业职业技能鉴定规范，结合机电一体化设备装调技能大赛标准和内容编写而成。

本书 9 个项目按照对接岗位 PLC 编程及设备调控标准的要求，并融入技能大赛任务实例，对 PLC 基础、编程软件、基本指令、常用功能指令、变频器等知识和技能进行介绍。内容编排既具有知识体系的完备性，又具有技能进阶的连贯性，所有任务的实施均以工作过程为导向、实际案例为载体循序推进，还可结合实际辅以仿真、模拟等方式开展教学。

本书配套有课堂教学设计、PPT 课件、操作视频、配套练习、题库等教学资源，读者可从 www.abook.cn 下载使用。

本书可作为职业院校电气设备运行与控制、机电技术应用等专业的教材，也可作为相关电类专业工程技术人员的岗位培训教材。

图书在版编目（CIP）数据

PLC 技术与应用 / 阳兴见，周永平主编. —北京：科学出版社，2019.11
（2025.1 修订）
（"十四五"职业教育国家规划教材·电类专业共建共享系列教材）
ISBN 978-7-03-053213-8

Ⅰ. ①P… Ⅱ. ①阳… ②周… Ⅲ. ①PLC 技术—教材 Ⅳ. ①TM571.61

中国版本图书馆 CIP 数据核字（2017）第 126398 号

责任编辑：陈砺川 / 责任校对：王万红
责任印制：吕春珉 / 封面设计：东方人华平面设计部

科 学 出 版 社 出版

北京东黄城根北街16号
邮政编码：100717
http://www.sciencep.com

天津市新科印刷有限公司印刷
科学出版社发行　各地新华书店经销

*

2019年11月第 一 版　开本：787×1092　1/16
2025年1月第三次印刷　印张：12 1/2
字数：265 000

定价：45.00 元
（如有印装质量问题，我社负责调换）

销售部电话 010-62136230　编辑部电话 010-62135397-1028

版权所有，侵权必究

电类专业共建共享系列教材
编写委员会

主任兼丛书主编：

周永平　重庆市教育科学研究院副研究员、博士后

副主任：

辜小兵　重庆工商学校特级教师，研究员
杨清德　重庆市垫江县第一职业中学校特级教师，研究员
漆　星　重庆富淞电子技术有限公司总经理
辜　潇　重庆特奈斯科技有限公司总经理
张蓉锦　重庆中鸿意诚科技有限公司总经理

委　员：

陈　勇	程时鹏	邓银伟	丁汝玲	高　岭	辜小兵	辜　潇	胡立山	胡　萍
黄　勇	康　娅	雷菊华	李　杰	李命勤	李小琼	李晓宁	李永佳	刘宇航
刘　钟	鲁世金	罗朝平	韩光勇	彭贞蓉	马晓芳	漆　星	邱堂清	谭定轩
谭云峰	田永华	王　函	王　英	王鸿君	王建云	韦采风	吴吉芳	向　娟
阳兴见	杨清德	杨　鸿	杨　波	杨卓荣	姚声阳	易兴发	易祖全	尹　金
周永平	张　川	张　恒	张波涛	张　军	张蓉锦	张秀坚	张云龙	赵顺洪
赵争召	钟晓霞	熊　祥						

成员单位：

重庆市教育科学研究院	重庆工商学校
重庆市龙门浩职业中学校	重庆市渝北职业教育中心
重庆市农业机械化学校	重庆市北碚职业教育中心
重庆市黔江区民族职业教育中心	重庆市綦江职业教育中心
重庆市九龙坡职业教育中心	重庆市永川职业教育中心
重庆市育才职业教育中心	重庆市江南职业学校
重庆市巫山县职业教育中心	重庆市经贸中等专业学校
重庆市云阳职业教育中心	重庆市轻工业学校
重庆市梁平职业教育中心	重庆市石柱土家族自治县职业教育中心

重庆能源工业技师学院　　　　　　　重庆市巫溪县文峰职业中学校

重庆彭水职业教育中心　　　　　　　重庆市潼南恩威职业高级中学校

重庆市荣昌区职业教育中心　　　　　重庆市南川隆化职业中学校

重庆市垫江县职业教育中心　　　　　重庆市丰都县职业教育中心

重庆市奉节职业教育中心　　　　　　重庆中鸿意诚科技有限公司

重庆市秀山县职业教育中心　　　　　重庆富淞电子技术有限公司

重庆市垫江县第一职业中学校　　　　重庆特奈斯科技有限公司

重庆市武隆县职业教育中心　　　　　重庆市闻慧科技有限公司

本书编委会

主　　编：阳兴见　周永平

副主编：张　鹏　罗朝平　雷菊华　夏西泉

参　　编：方志兵　田贞军　曾　福　王鸿君　刘开生

主　　审：杨清德

本书综合重庆市 30 余所职业院校教学资源共建共享的经验编写而成，是"电类专业共建共享系列教材"之一。本书的编写以促进学生德技并修、全面发展为宗旨，遵循技术技能人才成长规律，知识传授与技术技能培养并重，强化行业和企业的作用，将专业精神、职业精神和工匠精神融入课程内容，将产业发展的新技术、新工艺、新规范纳入教材内容，并对理实一体、虚实结合的教学模式进行了积极探索。本书被评为首批"十四五"职业教育国家规划教材。

目前国家建设现代化产业体系，推进新型工业化，加快建设制造强国、质量强国、航天强国。PLC 技术在工业现场应用非常广泛，PLC 控制由微机技术与传统继电控制技术相结合，具有可靠性高、功耗低、通用性好、灵活性强的特点。本书以 PLC 在实际应用中的几个实例为载体，对 PLC 基本逻辑运算、顺序控制、定时、计数和算术运算等操作指令进行了详细介绍，为学生继续学习其他专业课程及提高学生职业技能奠定了基础。

本书精心设计了 3 个模块，9 个项目，每个项目下设若干工作任务，便于学生从多角度、多方位学习 PLC 技术与应用。每个项目的学习过程都是以完成具体工作任务来开展的，体现以工作过程为导向的编写理念。

本书严格依据课程标准，对接岗位要求和职业技能大赛内容进行编写。具有以下特点。

1）以工作任务为载体，实现理论与技能相融合的教学目标。

2）以学生为中心，专业知识、专业技能采用三个层次编写，满足学生个性发展需要。

3）以能力为本位，突出"做学合一"的职教特色。

4）根据职业院校学生特点，书中提供了大量实际操作的图片和影像，用图代替文字语言的描述，增强学生对知识点、技能点的理解和掌握。

本书有配套的课堂教学设计、PPT 课件、操作视频、书中配套习题及考试题库（可通过网络考试平台获取）等数字化资源，可作为职业院校电气设备运行与控制、机电技术应用等专业教材，也可作为相关专业工程技术人员的岗位培训教材。

本书建议学时为 108 学时，学时具体分配见下表。

本书学时分配表

序号	模块	项目	学时
1	模块1　电动机的PLC控制	项目1　电动机的单向点动PLC控制	12
		项目2　电动机的单向点动－连续运行PLC控制	8
		项目3　电动机的正反转PLC控制	8
2	模块2　PLC在生活中的典型应用	项目4　交通灯的PLC控制	10
		项目5　抢答器的PLC控制	10
3	模块3　PLC在工业中的典型应用	项目6　机械手的PLC控制	12
		项目7　物料分拣系统的PLC控制	12
		项目8　液体混合控制系统的PLC控制	12
		项目9　多段速皮带运输机的PLC控制	12
4	机动	含复习、理论考试和技能考试	12
5	合计		108

　　本书由重庆市经贸中等专业学校正高级讲师阳兴见、重庆市教育科学研究院周永平博士后担任主编,中船重工重庆红江机械有限责任公司张鹏、重庆市经贸中等专业学校罗朝平和雷菊华、重庆电子工程职业学院夏西泉担任副主编,杨清德研究员担任主审。阳兴见负责编写项目1,并负责全书统稿,曾福负责编写项目3,罗朝平负责编写项目2及模块1的统稿,并承担模块1的实训项目实验验证;周永平负责编写项目4,夏西泉负责编写项目5,方志兵负责模块2的统稿,并承担模块2的实训项目实验验证;张鹏、刘开生负责编写项目6,田贞军负责编写项目8,王鸿君负责编写项目9,雷菊华负责编写项目7以及模块3的统稿,并承担模块3的实训项目实验验证。

　　本书在编写过程中,得到重庆市教育科学研究院、科学出版社、重庆富淞电子技术有限公司、重庆中鸿意诚科技有限公司以及各参编学校等单位领导的高度重视和大力支持,重庆市闻慧科技有限公司为本书提供了全部配套的实训套件,重庆能源工业技师学院邱堂清为本书实训操作部分的编写提供了精心指导,在此一并表示感谢。本书参考了部分教材及文献资料,在此向原作者致以诚挚的感谢。

　　由于编者水平有限,书中难免有不妥之处,恳请各位专家和广大读者批评、指正。

编　者

CONTENTS 目录

模块 1 电动机的 PLC 控制

模块 2　PLC 在生活中的典型应用

模块 3　PLC 在工业中的典型应用

模 块 1
电动机的PLC控制

模块概述

随着工业技术的发展，工业自动化的要求越来越高，电路也越来越复杂，接触器、继电器等控制触点也越来越多。由于接触器、继电器等触点采用的是机械连接方式，触点接触不良的缺陷越来越突显。为降低这个缺陷带来的影响，一方面要减少接触器、继电器等硬件触点；另一方面要简化电路并提高自动化程度，让电路由"大脑"进行控制。这个"大脑"就是可编程逻辑控制器（programmable logic controller），简称PLC。

利用PLC可方便地实现对电动机速度和位置的控制，可靠地实现各种步进电动机的操作，完成各种复杂的工作。目前基于PLC的步进电动机控制已经广泛地在造纸、食品、包装以及其他轻工机械中得到应用。

项目 1　电动机的单向点动 PLC 控制

教学目标

素质目标

1. 激发学生学习 PLC 技术的兴趣、积极思考，强化仔细观察、规范操作的职业习惯。

2. 培养学生精心编程、协作装调的工程思维和严谨的科学态度。

知识目标

1. 了解 PLC 的发展、定义、结构和工作原理。

2. 了解 PLC 输入／输出继电器的功能和使用方法。

3. 了解梯形图使用的符号、概念和规则。

4. 熟悉 PLC 的 LD、LDI 和 OUT 指令。

5. 熟悉 PLC 的输入／输出端口电路。

能力目标

1. 能利用 PLC 的设计／维护工具软件 GX Developer 进行编程。

2. 能设计简单的 PLC 梯形图程序。

3. 能连接 PLC 输入／输出端口电路，实现简单控制功能。

4. 能利用软件进行三相异步电动机单向点动 PLC 控制工程的创建及程序的编写、传送和调试。

项目描述

在生产车间里，如图 1-1 所示，可使用 PLC 来控制行车吊钩的垂直升降运动。本项目以单向点动 PLC 控制电路的设计、装调为主线。首先，认识 PLC 和实训室，以及相关控制器件；然后，按照工作过程导向分别实施单向点动 PLC 控制电路设计、程序编写、电路安装和电路调试任务；最后，学习 PLC 输入／输出接口和继电器相关拓展知识、技能。通过项目学习，可以让学习者清晰地了解并掌握 PLC 结构及工作原理，能够设计基本的梯形图，并进行程序编写和电路装调，培养 PLC 领域必备的工程素养和职业能力。

图 1-1　行车吊钩的垂直升降

项目准备

为完成本项目，需要准备如表 1-1 所示的工具、仪表及材料。

表 1-1　任务准备清单

名称	型号 / 规格	数量	备注	实物图
可编程逻辑控制器	三菱 FX_{2N} - 48MR	1 台	含继电器输出模块	
交流接触器	CJX2	1 个	—	
空气开关	DZ47LE-C32	1 个	可代替熔断器	
控制按钮	自恢复	3 个	3 个独立按钮	
端子排	—	1 个		
热继电器	JR28-25	1 个		
三相电动机	200W	1 台	—	
电源导线	单芯、多芯	若干	多颜色备用	
电工工具套装	—	1 套	包含万用表、螺丝刀、剥线钳等常用电工工具	
计算机	台式机、笔记本均可	1 台	安装好三菱编程软件	
数据线	三菱 PLC 专用通信线	1 根	能连接计算机和三菱 PLC 实现通信	

项目实施

任务 1.1　初步认识 PLC

1.1.1　了解 PLC

PLC 出现以前，工业控制领域中继电器控制系统占主导地位，应用非常广泛。但是由于继电器控制系统存在体积大、耗电多、可靠性差、寿命短、接线复杂、通用性和灵活性差等缺点，严重束缚了工业生产的发展。

1. PLC 的由来

随着计算机控制技术的发展，在1968年美国通用汽车公司（GM公司）提出要研制一种新型工业控制器，并从用户角度提出新一代控制器应具备的十大条件，简称"GM十条"。

1969年，美国数字设备公司（DEC）根据"GM十条"要求，研制出了世界上第一台可编程控制器——PDP 14，在GM公司的自动装配线上试用成功。这种控制器采用程序化的手段应用于电气控制。它具备执行逻辑判断、计时和计数等顺序功能，可通过数字或模拟式输入/输出控制各种类型的机械或生产过程，大大提高了生产效率。

继电器和接触器适用于简单控制系统，在复杂系统中，存在接线过于庞杂，且设备体积大、可靠性低、维护困难等问题。PLC控制系统充分利用微处理器的优点，将控制器和被控对象方便地联系起来，可靠性高，维护简单。复杂电路的传统控制线路与PLC控制线路对比如图1-2所示。现在，PLC已成为应用广泛、功能强大、使用非常方便的通用工业控制装置。

图1-2　复杂电路的传统控制线路与PLC控制线路对比

2. PLC 的定义及特点

（1）PLC的定义

1987年2月，国际电工委员会（IEC）颁布了可编程逻辑控制器标准草案第三稿，其中对可编程逻辑控制器的定义是："可编程逻辑控制器是一种数字运算操作的电子系统，专为在工业环境下应用而设计。它采用了可编程序的存储器，用来在其内部存储和执行逻辑运算、顺序控制、定时、计数和算术运算等操作指令，并通过数字式和模拟式的输入和输出，控制各种类型的机械或生产过程。可编程逻辑控制器及其有关外围设备都按易于与工业系统联成一个整体，易于扩充其功能的原则设计。"可见，可编程逻辑控制器是一种面向用户的工业控制专用计算机。它是在电气控制技术和计算机技术基础上开发出来的，并逐渐发展成为一种以微处理器为核心，将自动化技术、计算机技术和通信技术融为一体的工业控制装置。

（2）PLC的特点

PLC的特点如表1-2所示。

表1-2　PLC的特点

PLC特点	说明
可靠性高	PLC采用大规模集成电路技术和先进的抗干扰技术，无触点免配线，可靠性高，抗干扰能力强，平均无故障工作时间可达几十万小时。可靠性高是PLC最重要的特点之一
通用性强	PLC具有逻辑运算、定时、计数、顺序控制、A/D和D/A转换、数值运算、数据处理、PID控制、通信联网等功能，可以组成满足各种需要的控制系统。当生产流程需要改变时，可以现场更改程序，使用方便
编程简单	梯形图是PLC使用最多的编程语言。梯形图形象、直观、简单、易学，容易被工程技术人员接受
维护方便	PLC用软件代替了传统电气控制的硬件，使控制柜的设计、安装和接线工作量大大减少，缩短了施工周期。它还具有自诊断和动态监控功能
能耗低	PLC采用了集成电路，体积小、重量轻、能耗低，是机电一体化的理想设备

3．PLC的基本组成

PLC的最小系统由中央处理单元（CPU）、存储器（RAM、ROM）、输入／输出单元（I/O接口）、电源及编程器或其他外部设备组成，其结构如图1-3所示。

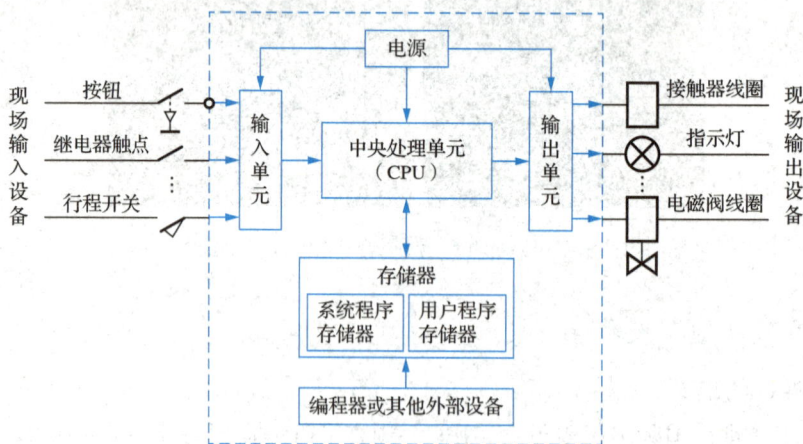

图1-3　PLC的结构

（1）中央处理单元CPU

CPU是PLC的核心部件。小型的PLC多用8位微处理器或单片机；中型的PLC

多用 16 位微处理器或单片机；大型的 PLC 多用双型位片机。

CPU 是 PLC 控制系统的运算及控制中心，它按照 PLC 的系统程序所赋予的功能完成如下任务：

① 控制从编程器输入的用户程序和数据的接收与存储。

② 诊断电源、PLC 内部电路的工作故障和编程中的语法错误。

③ 用扫描的方式接收输入设备的状态（即开关量信号）和数据（即模拟量信号）。

④ 执行用户程序，输出控制信号。

⑤ 与外部设备或计算机通信。

（2）存储器

存储器是用来储存系统程序、用户程序与数据的，故 PLC 的存储器有系统存储器和用户存储器两大类。

系统存储器使用 EPROM（只读存储器），用于存放系统程序（相当于计算机的操作系统，用户不能更改）。广义上讲，有了系统程序，单片机组成的系统就变成了 PLC。

用户存储器通常由用户程序存储器（程序区）和功能存储器（数据区）组成。用户程序存储器一般用 RAM（由后备电池维持）存放用户程序。但用户程序调试好以后可固化在 EPROM 或 E2PROM 中。功能存储器存放 PLC 运行中的各种数据，如 I/O 状态、定时值、计数值、模拟量、各种状态标志的数据。由于这些数据在 PLC 运行中是不断变化的，不需要长久保持，故功能存储器采用随机读写存储器 RAM。

（3）I/O 接口

PLC 的 I/O 接口是 PLC 与现场生产设备直接连接的端口。PLC 的 I/O 接口与现场工业设备直接连接，用于接收现场的输入信号（如按钮、行程开关、传感器等的输入信号）；输出控制信号，直接或间接地控制或驱动现场生产设备（如信号灯、接触器、电磁阀等）。

（4）电源

PLC 配有开关式稳压电源，供 PLC 内部使用。与普通电源相比，这种电源输入电压范围宽、稳定性好、抗干扰能力强、体积小、重量轻。有些机型还可向外提供 24VDC 的稳压电源，用于对外部传感器供电。这就避免了由于电源污染或使用不合格电源产品引起的故障，使系统的可靠性提高。

（5）编程器

编程器是 PLC 最重要的外部设备。利用编程器可编制用户程序、输入程序、检查程序、修改程序和监视 PLC 的工作状态。

编程器一般分为简易型和智能型两种。简易型编程器常用在小型 PLC 上，只能联机编程，且往往需要将梯形图程序转化为语句表程序才能送入 PLC 中。智能型编程器又称图形编程器，可直接输入梯形图程序，它可以联机，也可以脱机编程，常用于大中型 PLC 的编程。

除此之外,在个人计算机上添加适当的硬件接口(如编程电缆)和配置编程软件包,就可以用个人计算机对 PLC 编程,且可以向 PLC 输入各种类型的程序,既可以联机编程也可以脱机编程,且能监视 PLC 的运行状态,还能进行系统仿真,使用起来非常方便。目前,这种编程方式已非常流行和普遍,可用于各种类型的 PLC,尤其是笔记本电脑式的 PLC。

4. PLC 的分类

通常各类 PLC 产品可按结构形式、I/O 点数及其具备的功能这三个方面进行分类,如表 1-3 所示。

表 1-3　PLC 的分类

分类依据	具体分类	说明
按结构形式分类	整体式	将电源、CPU 和 I/O 部件都集中在一个机箱内,结构紧凑、体积小、价格低。一般小型的 PLC 采用这种结构
	模块式	把各个组成部分做成若干个独立模块,如 CPU 模块、I/O 模块、电源模块及各种功能模块等。这种结构的特点是配置灵活,装配和维修方便,易于扩展。一般大中型的 PLC 都采用这种结构
按 I/O 点数分类	小型机	I/O 点数在 256 以下,其中,小于 64 为超小型或微型 PLC
	中型机	I/O 点数在 256 至 2048 之间
	大型机	I/O 点数在 2048 以上
按功能分类	低档机	具有逻辑运算、定时、计数、移位,以及自诊断、监视等基本功能
	中档机	除具有低档机的功能外,还具有较强的模拟量输入 / 输出、算术运算、数据传送和比较、远程 I/O 和通信等功能
	高档机	除具有中档机的功能外,还具有符号算术运算、位逻辑运算、矩阵运算、二次方根运算及其他特殊功能的函数运算、表格等功能。高档机具有更强的通信联网功能,可用于大规模过程控制系统

5. PLC 的编程语言

现代 PLC 一般备有多种编程语言供用户选择。不同厂家、不同型号的 PLC 编程语言有较大区别,用户应学会多种编程语言。IEC 于 1994 年 5 月公布了可编程逻辑控制器标准(IEC 61131),该标准由以下五部分组成:通用信息、设备与测试要求、可编程逻辑控制器的编程语言、用户指南和通信规范。其中第三部分(IEC 61131-3)是可编程逻辑控制器的编程语言标准,它详细说明了句法、语义和以下五种编程语言的表达方式:标准中有两种图形语言——梯形图和功能块图,还有两种文字语言——指令表和结构文本,此外的顺序功能图可以看成是一种块结构程序流程图。

(1)顺序功能图(sequential function chart,SFC)

顺序功能图是为了满足顺序逻辑控制而设计的编程语言。编程时将顺序流程动作的过程分成步和转移条件，根据转移条件对控制系统的功能流程顺序进行分配，一步一步地按照顺序动作。

（2）梯形图（ladder diagram，LD 或 LAD）

梯形图是使用最多的 PLC 图形编程语言。梯形图与继电器控制系统的电路图很相似，具有直观易懂的优点，很容易被工厂熟悉继电器控制的电气人员掌握，特别适用于开关量的逻辑控制。有时也把梯形图称为电路或程序，把梯形图的设计称为编程。

（3）功能块图（functional block diagram，FBD）

功能块图是一种类似于数字逻辑电路的编程语言，采用功能模块图的形式来表示模块所具有的功能，不同的功能模块具有不同的功能。

（4）指令表（instruction list，IL）

指令表是一种与汇编语言相似的助记符表达式，也称布尔助记符。它和汇编语言一样，由操作码和操作数组成。由若干条指令组成的程序称为指令表程序。指令表程序一般较难直接读懂，其中的逻辑关系很难一眼看出，所以在设计时一般使用梯形图语言。在没有计算机的情况下，适合采用 PLC 手持编程器对程序进行编制。同时，指令表编程语言与梯形图编程语言图一一对应，在 PLC 编程软件下可以相互转换。

（5）结构文本（structured text，ST）

随着 PLC 的迅速发展，很多高级功能仍然使用梯形图来表示会很不方便。ST 是为 IEC61131-3 标准创建的一种专用高级编程语言，可以增强 PLC 的数学运算、数据处理、图形显示、报表打印等功能。在大中型的 PLC 系统中，常采用结构文本来描述控制系统中各个变量的关系，主要用于其他编程语言较难实现的用户程序的编制。

6. 三菱系列 PLC 的外形

1980 ~ 1990 年，三菱系列 PLC 的主要产品有 F\F1\F2 系列小型 PLC、K/A 系列中大型 PLC；1990 ~ 2000 年，主要有 FX 系列小型 PLC、A 系列（A2S\A2US\Q2A）中大型 PLC；2000 年以后，主要有 FX 系列小型 PLC、Q 系列（Qn\QnPH）中大型PLC。

三菱系列 PLC 的外形如图 1-4 所示。

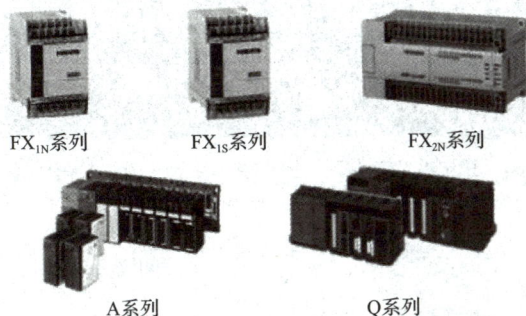

FX$_{1N}$系列　　FX$_{1S}$系列　　FX$_{2N}$系列

A系列　　Q系列

图 1-4 三菱系列 PLC 的外形

1.1.2　认识 PLC 实训装置

1．整体认识 PLC 实训设备

观察 PLC 及其相关实训设备，如图 1-5 所示。PLC 实训设备，由电源模块、按钮模块、PLC 模块、变频器模块、机械手、搬运机构、计算机等组成。

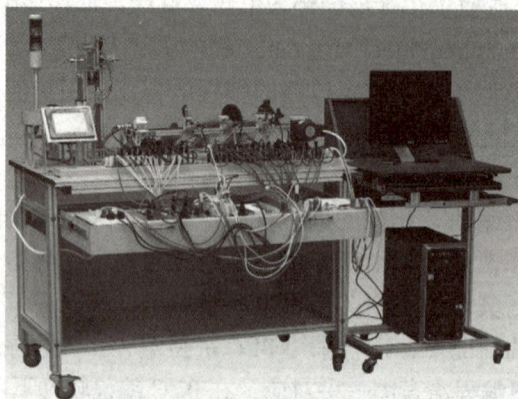

图 1-5　PLC 及其相关实训设备

2．了解三菱 FX_{2N}-48MR 型 PLC 面板功能

三菱 FX_{2N} 系列为小型 PLC，采用叠装式的结构形式，其中，FX_{2N}-48MR 型 PLC 面板的结构如图 1-6 所示。

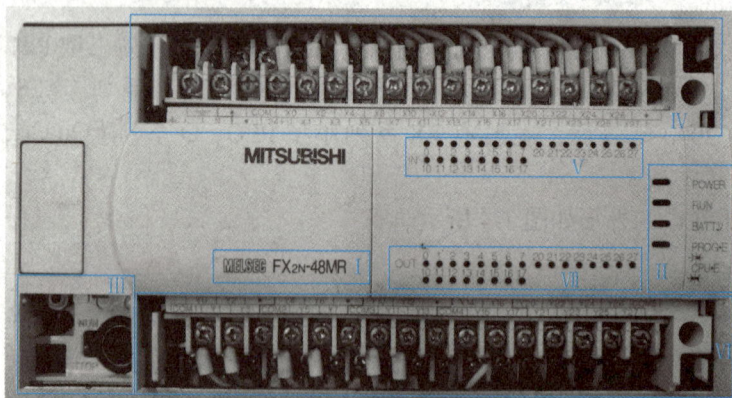

Ⅰ—PLC 型号；Ⅱ—指示灯；Ⅲ—模式转换开关与通信接口；Ⅳ—输入信号接线区；Ⅴ—输入状态指示灯；Ⅵ—输出接线区；Ⅶ—输出状态指示灯。

图 1-6　三菱 PLC 面板的结构

（1）识读三菱 PLC 的型号（Ⅰ区）

在图 1-6 的Ⅰ区中可见其型号为 FX_{2N}-48MR。型号的具体含义如图 1-7 所示。

$$FX\square-\square\square\square\square$$

　　特殊品种
　　输出形式
　　单元类型
　　I/O总点数
　　系列序号

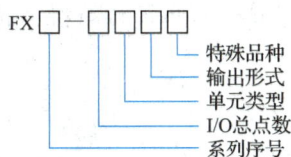

图 1-7　PLC 型号的含义

1）系列序号：0、2、0N、2C、2N，即 FX_0、FX_2、FX_{0N}、FX_{2C}、FX_{2N}。

2）I/O 总点数：16～256。

3）单元类型：M 表示基本单元，E 表示输入/输出混合扩展单元及扩展模块，EX 表示输入专用扩展模块；EY 表示输出专用扩展模块。

4）输出形式：R 表示继电器输出，T 表示晶体管输出，S 表示晶闸管输出。

5）特殊品种：D 表示 DC 电源，DC 输入；A1 表示 AC 电源，AC 输入；H 表示大电流输出扩展模块（1A/1 点）；V 表示立式端子排的扩展模块；C 表示接插口输入/输出方式；F 表示输入滤波器 1ms 的扩展模块；L 表示 TTL 输入型扩展模块；S 表示独立端子（无公共端）扩展模块。无特殊品种说明，此部分可不用表示出来。

练一练

PLC 型号为 FX_{2N}-48MR，则表示该 PLC 为_____系列，输入/输出点数为_____，为_____输出形式的_____单元。

（2）识别各种指示灯（Ⅱ区）

在图 1-6 的Ⅱ区中，PLC 面板上各指示灯的状态与当前运行的状态如表 1-4 所示。

表 1-4　Ⅱ区中指示灯的状态和当前运行的状态

指示灯	指示灯的状态与当前运行的状态
POWER 电源指示灯（绿灯）	PLC 接通 AC 220V 电源后，该灯点亮，正常时仅有该灯点亮表示 PLC 处于编辑状态
RUN 运行指示灯（绿灯）	当 PLC 处于正常运行状态时，该灯点亮
BATT.V 内部锂电池电压低指示灯（红灯）	如果该指示灯点亮说明锂电池电压不足，应更换
PROG.E（CPU.E）程序出错指示灯（红灯）	如果该指示灯闪烁，说明出现以下类型的错误：①程序语法错误；②锂电池电压不足；③定时器或计数器未设置常数；④干扰信号使程序出错；⑤程序执行时间超出允许时间，此灯连续亮

（3）观察模式转换开关与通信接口（Ⅲ区）

在图 1-6 的Ⅲ区中，将保护盖板打开，会看到模式转换开关与通信接口，如图 1-8 所示。

模式转换开关用来改变 PLC 的工作模式，PLC 电源接通后，将模式转换开关打到 RUN 位置上，则 PLC 的运行指示灯（RUN）发光，表示 PLC 正处于运行状态；将模式转换开关打到 STOP 位置上，则 PLC 的运行指示灯（RUN）熄灭，表示 PLC 正处于停止状态。通信接口用来连接手持编程器或计算机，通信线一般有手持编程器通信线和计算机通信线两种。

图1-8　模式转换开关与通信接口

导师说

通信线与PLC连接时，务必仔细观察，将通信线接口内的"针"与PLC上的接口正确对应后，才能将通信接口插入PLC的通信接口，小心操作，避免损坏接口。如今，工程师们正在进行更好的接口设计，使通讯更快捷和稳定，如网线、排线接口等。

（4）认识PLC的电源端子、输入端子与输入状态指示灯（Ⅳ区和Ⅴ区）

输入接口是PLC接收控制现场信号的输入通道，它的作用是将外部设备产生的信号转换为CPU能接收的标准电平信号。它需要完成输入信号的采集、滤波、电平转换等任务。例如，将按钮、行程开关或传感器等外部元器件产生的信号输入CPU。

如图1-9所示，对其各部分的说明如下。

1）外接电源端子：图中方框内的端子，为PLC的外部电源端子（L、N、地），通过这部分端子外接PLC的外部电源（AC 220V）。

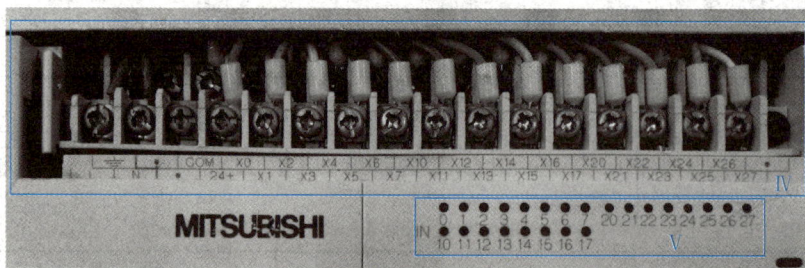

图1-9　PLC的电源端子、输入端子与输入状态指示灯

2）输入公共端子COM：在外接传感器、按钮、行程开关等外部信号元器件时必须连接的一个公共端子。

3）+24V电源端子：PLC自身为外部设备提供的DC 24V电源，多用于三端传感器。

4）X端子：PLC接收控制现场信号的输入通道，可以连接按钮、行程开关或传感器等外部元器件。

5）输入状态指示灯：当某个输入接口电路接通时，对应的X指示灯就会点亮。

（5）认识PLC的输出端子与输出状态指示灯（Ⅵ区和Ⅶ区）

输出接口是PLC向现场设备输出CPU程序运行后控制信息的输出通道，它的作用是将CPU的输出信号转换成可以驱动工业现场设备执行的控制信号，通过执行机构完成工业现场的各类控制。例如，控制接触器线圈等电器的通、断电，再通过接触器完成工业现场设备的运行控制。开关量输出接口通常有继电器输出型、晶体管输出型和晶闸管输出型三种类型。

如图1-10所示，对其各部分的说明如下。

图1-10　PLC的输出端子与输出状态指示灯

1）输出公共端子COM：PLC连接交流接触器线圈、电磁阀线圈、指示灯等负载时必须连接的一个端子。

2）Y端子：是PLC输出继电器的接线端子，是将PLC指令执行结果传递到负载侧的必经通道，可以连接接触器线圈、信号指示灯、电磁阀等外部元器件。

3）输出状态指示灯：当某个输出继电器被驱动后，对应的Y指示灯就会点亮。

导师说

在负载使用相同电压类型和等级时，将COM1、COM2、COM3、COM4用导线短接起来即可。

在负载使用不同电压类型和等级时，Y0～Y3共用COM1，Y4～Y7共用COM2，Y10～Y13共用COM3，Y14～Y17共用COM4，Y20～Y27共用COM5。对于共用一个公共端子的同一组输出，必须用同一电压类型和同一电压等级，但不同的公共端子组可使用不同的电压类型和电压等级。

（6）FX_{2N}系列PLC基本单元I/O端子排列及接线方式

1）FX_{2N}系列PLC基本单元I/O端子排列，如图1-11所示。

⏚		·	COM	X0		X2		X4		X6		X10		X12		X14		X16		·
L	N	·	24+	X1	X3		X5		X7		X11		X13		X15		X17			

FX₂N-32MR

Y0		Y2		·		Y4		Y6		·		Y10		Y12		·		Y14		Y16		·
COM1	Y1		Y3	COM2		Y5		Y7	COM3		Y11		Y13	COM4		Y15		Y17				

（a）FX₂N-32MR型PLC的I/O端子排列

⏚		·	COM	X0		X2		X4		X6		X10		X12		X14		X16		X20		X22		X24		X26		·
L	N	·	24+	X1		X3		X5		X7		X11		X13		X15		X17		X21		X23		X25		X27		

FX₂N-48MR

Y0		Y2		·		Y4		Y6		·		Y10		Y12		·		Y14		Y16		Y20		Y22		Y24		Y26		COM5
COM1	Y1		Y3	COM2		Y5		Y7	COM3		Y11		Y13	COM4		Y15		Y17		Y21		Y23		Y25		Y27			

（b）FX₂N-48MR型PLC的I/O端子排列

图 1-11　两种 FX₂N 系列 PLC 的 I/O 端子排列

2）接线方式。PLC 通过 PC/PPI 电缆或使用 MPI 卡通过 RS-485 接口与计算机连接，可以实现编程、监视和联网等功能。注意，不同类型、不同型号的 PLC 和计算机相连接使用的电缆也不同。在进行程序设计时，首先进行控制系统的分析，分配 I/O 地址，画出 PLC 系统的 I/O 接线图。所谓 I/O 接线图，就是在图纸上画出 PLC 控制系统中需要用到的输入设备与输入继电器的对应关系，以及输出设备与输出继电器的对应关系，同时还要画出输入设备、输出设备和 PLC 机箱的连接方法。一般输入设备画在左侧，输出设备画在右侧，PLC 系统 I/O 接线图如图 1-12 所示。

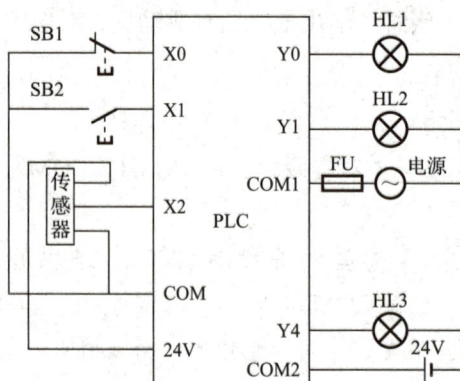

图 1-12　PLC 系统 I/O 接线图

任务1.2 设计电动机单向点动 PLC 控制电路与程序

1.2.1 电动机单向点动 PLC 控制相关知识

1. 电动机单向点动控制原理

如图 1-13 所示，先合上电源开关 QF，然后按下按钮 SB，使线圈 KM 通电，主电路中的主触点 KM 闭合，电动机 M 即可启动。若松开按钮 SB，线圈 KM 失电释放，KM 主触点分开，切断电动机 M 的电源，电动机即停转。这种只有按下按钮电动机才会运转，松开按钮即停转的控制线路，称为点动控制线路。这种线路常用于快速移动或调整机床。

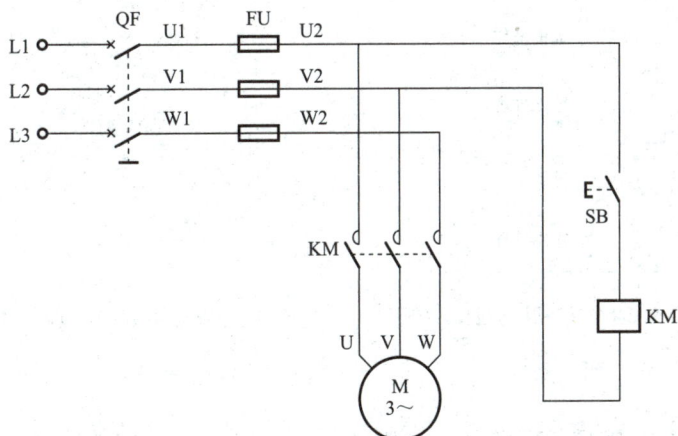

图 1-13 点动控制电路原理图

2. PLC 的工作原理

PLC 运行时，一般按照顺序逐条执行用户程序，直到 END 指令结束后，又从头开始重复执行，直到 PLC 停机或者切换到停止（STOP）模式。PLC 的这种不断重复逐条执行用户程序的工作方式称为循环扫描工作方式。这种方式主要包括输入处理、程序执行和输出处理三个阶段。

（1）输入处理阶段

输入处理阶段也称输入采样阶段。在这个阶段中，PLC 读入输入接口的状态，并将它们存放在输入数据暂存区中。

在输入处理阶段之后，即使输入接口状态有变化，输入数据暂存区中的内容也不变，直到下一个周期的输入处理阶段才读入这种变化。

（2）程序执行阶段

在程序执行阶段，PLC 根据本次读入的输入数据，依据用户程序的顺序逐条执行用户程序。执行的结果均存储在输出状态暂存区中。

（3）输出处理阶段

输出处理阶段是一个程序执行周期的最后阶段。PLC 将本次用户程序的执行结果一次性地从输出状态暂存区送到各个输出接口，对输出状态进行刷新。

这三个阶段是分时完成的。为了连续地完成 PLC 所承担的工作，系统必须周而复始地依据一定的顺序完成这一系列的具体工作。

图 1-14 给出了运行和停止两种状态时 PLC 的扫描过程。

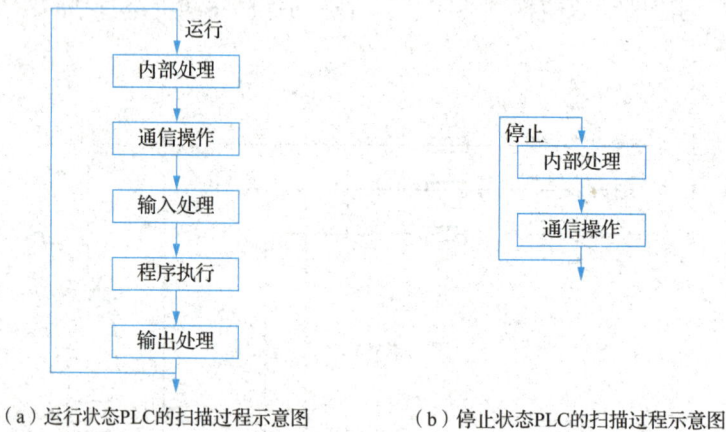

（a）运行状态PLC的扫描过程示意图　　　（b）停止状态PLC的扫描过程示意图

图 1-14　PLC 运行和停止状态的扫描过程

图 1-15 所示为 PLC 等效电路。若 SB 闭合，则输入电路中的输入继电器 X0 得电，得电的 X0 可通过内部逻辑电路来控制输出继电器 Y0 工作，该输出继电器工作则输出端口 Y0 触点闭合，从而使执行线圈 KM 得电。可见，PLC 等效电路分为三个部分，分别为输入电路、输出电路和内部逻辑电路。

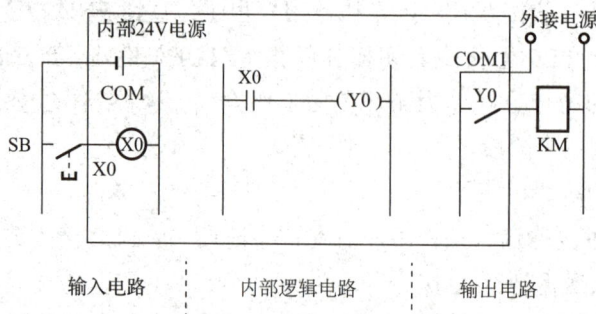

图 1-15　PLC 等效电路

导师说

在PLC的电路中，输入电路和输出电路是需要实际进行连接的，而内部逻辑电路则是通过编写程序来完成的。如果两种方式都能完成相同控制功能时，优先选择程序控制。在一些重要的保护场合采用两种方式双重控制。

3. 梯形图和指令表

（1）梯形图

梯形图在形式上类似于继电器控制电路，它由常开触点、常闭触点、继电器线圈、并联、串联等图形符号连接而成。图1-16所示为梯形图的常用符号。

触点：代表逻辑输入条件，如外部开关、按钮和传感器等。

线圈：代表逻辑输出结果，用来控制外部的负载或内部的输出条件。

图1-16　梯形图的常用符号

不同的PLC虽然在使用的符号和表达方式上有区别，但均直观易懂，因此梯形图是PLC应用最多的一种编程语言。图1-17所示为某继电器控制电路原理图与三菱PLC梯形图的比较。

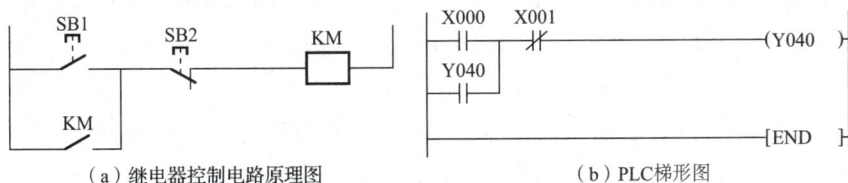

（a）继电器控制电路原理图　　　　　　（b）PLC梯形图

图1-17　继电器控制电路原理图与梯形图的比较

与继电器控制电路原理图不同，梯形图只能采用水平画法，最左边的竖线称为左母线，最右边的竖线称为右母线，左母线和右母线在分析工作原理时可理解成正负两根电源线，右母线可以省略不画。

（2）梯形图的特点

1）梯形图按自上而下、从左到右的顺序排列，每一个继电器线圈为一个逻辑行，称为一个网络（或梯级、阶梯）。每一个逻辑行起始于左母线，中间是触点的各种连接，最右边是线圈与右母线相连，整个图形呈阶梯形。

2）梯形图中的继电器不是真实的物理继电器，它实质上是变量存储器中的位触发器，称为"软继电器"。

3）梯形图中，除有跳转指令和步进指令等程序段外，同一编号的继电器线圈只能出现一次，而继电器触点可以无限次使用。

4）梯形图中各支路并没有真实电流流过，左右两侧母线之间仅仅是概念上的"能流"，而且认为它只能从左向右流动。

5）梯形图中只能出现输入继电器的触点，而不能出现输入继电器的线圈。

（3）指令表

指令表与梯形图一一对应，可以相互转换，图1-17（b）所示的PLC梯形图对应的指令表如表1-5所示。

表1-5　指令表

序号	操作码	操作数
0	LD	X000
1	OR	Y040
2	ANI	X001
3	OUT	Y040

4. 输入继电器X和输出继电器Y

三菱FX系列产品内部的编程元件称为"软元件"，也称为"软继电器"，如输入继电器X、输出继电器Y、辅助继电器M、状态继电器S、定时器T、计数器C等。

（1）输入继电器X

输入继电器X与PLC的输入端相连，是PLC从外部开关接收信号的窗口。它是一种采用光电隔离措施的电子继电器，按八进制编号，触点使用次数不限。输入继电器的常开触点、常闭触点的表示方法如图1-18所示。

（2）输出继电器Y

输出继电器Y与PLC的输出端相连，它的线圈由程序控制，而外部输出主触点接到PLC的输出端子上供外部负载使用，是PLC向外部负载输出信号的窗口，其余触点供内部负载使用。输出继电器也按八进制编号，触点使用次数不限。输出继电器的线圈、触点的表示方法如图1-19所示。

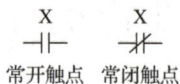

图1-18　输入继电器的表示方法　　图1-19　输出继电器的表示方法

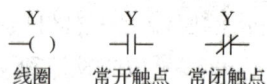

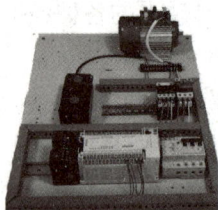

1.2.2　设计电动机单向点动PLC控制电路

图1-20　电动机单向点动PLC控制接线实物效果图

如图1-20所示，设计一个电动机单向点动PLC控制电路，要求合上断路器QF后，PLC能实现如下控制要求：按下按钮SB，电动机运转；松开按钮SB，电动机停转。

这是一个典型的电动机单向点动PLC控制电路，其具体设计步骤如下。

1．设计主电路

电动机的主电路如图 1-21 所示，采用 3 个电气元器件，分别为空气断路器 QF、交流接触器 KM、热继电器 FR。其中，KM 的线圈与 PLC 的输出点连接；FR 的辅助触点与 PLC 的输入点连接。这样可以确定主回路中需要 1 个输入点与 1 个输出点。

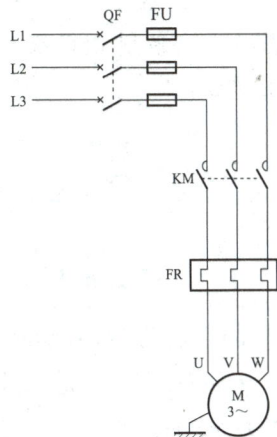

2．确定 I/O 总点数及地址分配

在上述步骤中，仅仅确定了主回路中 PLC 所需的 I/O 点数。我们知道，每台电动机至少需要一个控制按钮，如控制回路中所示的按钮 SB。在 PLC 控制系统中按钮均作为输入点，这样整个控制系统总的输入点数为 2 个，输出点数为 1 个。

图 1-21　电动机单向点动主电路

PLC 点动控制电路 I/O 地址分配表如表 1-6 所示。

表 1-6　PLC 点动控制电路 I/O 地址分配表

输入端（I）			输出端（O）		
序号	输入设备	端口编号	序号	输出设备	端口编号
1	按钮 SB	X000	1	接触器 KM	Y040
2	热继电器 FR	X001			

3．设计 PLC 硬件接线图

PLC 单向点动控制电路的 I/O 接线图如图 1-22 所示。

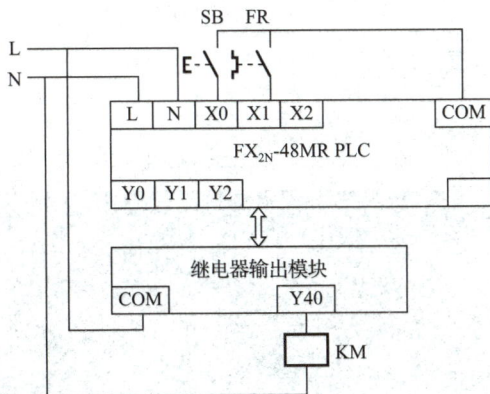

图 1-22　PLC 单向点动控制电路的 I/O 接线图

导师说

在实际应用中，由于该任务使用的交流接触器线圈电压为 220V，为了 PLC 的安全，可使用 PLC 继电器控制模块。继电器控制模块地址需在 PLC 原有地址上进行增加。

1.2.3　设计电动机单向点动 PLC 控制程序

1．认识三菱 PLC 的编程软件

（1）启动 GX Developer

GX Developer 是三菱 PLC 设计/维护工具软件。启动 PLC 设计/维护工具软件 GX Developer 的方法如图 1-23 所示，即选择"开始"→"程序"→"MELSOFT 应用程序"→"GX Developer"命令，或者双击桌面上的 GX Developer 图标即可。GX Developer 软件启动后，编辑区域呈现灰色，表示目前为无法编辑的状态，如图 1-24 所示。

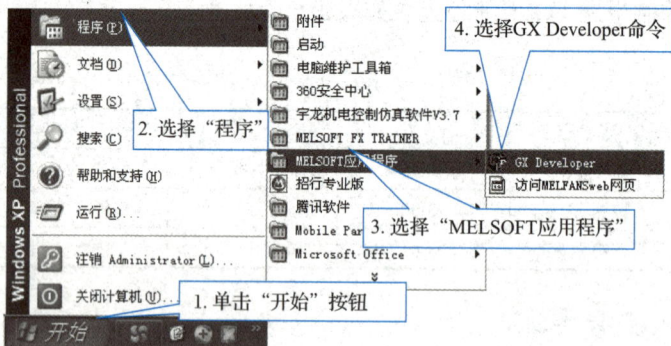

图 1-23　启动 GX Developer

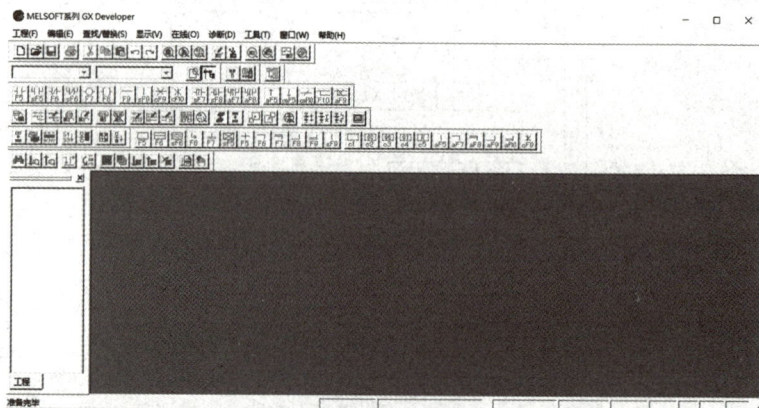

图 1-24　刚启动的 GX Developer 界面

（2）创建、保存新工程

下面以创建一个"点动控制"工程为例，学习创建、保存新工程的方法。

1）在工具栏中单击"新建"图标，弹出"创建新工程"对话框，如图 1-25 所示。在"PLC 系列"下拉列表框中选择"FXCPU"选项；在"PLC 类型"下拉列表框中选择"FX2N（C）"选项；在"程序类型"选项组中选中"梯形图"单选按钮。选中"设置工程名"复选框，在"工程名"文本框中输入"点动控制"。

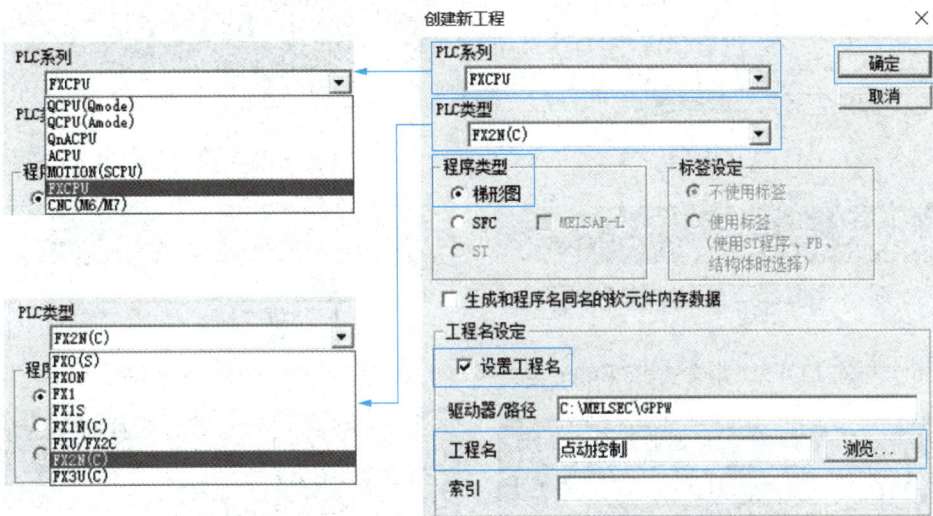

图 1-25 "PLC 系列"下拉列表框和"PLC 类型"下拉列表框

2）单击"确定"按钮，则原来呈现灰色的编辑区变成白色，新工程创建后的编辑界面如图 1-26 所示，所有 PLC 程序皆以结束指令 END 结束，编辑界面中已经准备好该指令，而其他程序只能插入到该指令上方。

图 1-26 新建"点动控制"工程编辑界面

导师说

不同型号的 PLC 编程软件对五种编程语言的支持种类是不同的,早期的 PLC 仅支持梯形图和指令表。目前的 PLC 对梯形图、指令表、功能模块图都可以支持。

(3)编写梯形图程序

按以下步骤写入梯形图程序。

1)直接写入 LD X0 指令。

2)按 Enter 键完成 LD X0 指令写入。

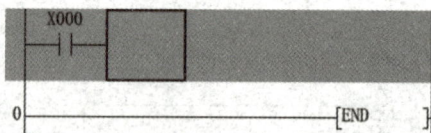

3)写入 OUT Y0 指令。

4)按 Enter 键完成 OUT Y0 指令写入。

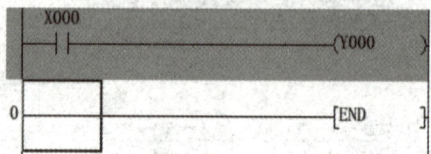

5)写入 LDI X1 指令并按 Enter 键。

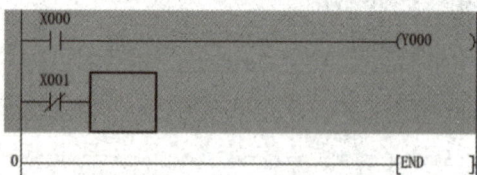

6)写入 OUT Y1 指令并按 Enter 键。

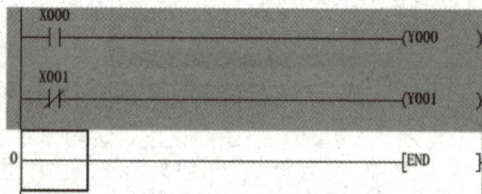

(4)变换程序

变换程序是将已经编辑好的梯形图程序变换成能够被 PLC 中 CPU 识别的程序,以便写入 PLC 并被 PLC 执行。

变换程序的方法有两种:一种是选择"变换"→"变换"命令或直接按 F4 键;另一种是单击"变换"按钮,分别如图 1-27 的"1"和"2"所示。程序变换后,编辑界面中的灰色将退去,变成白色,如图 1-28 所示。

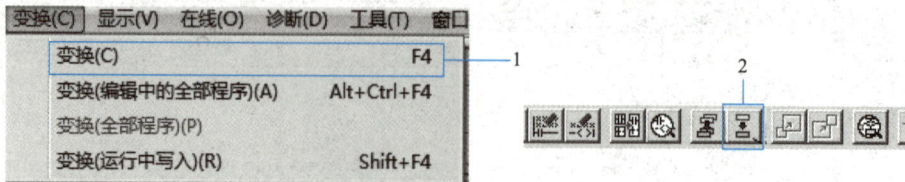

图 1-27　程序变换的方法

图 1-28　程序变换后的编辑界面

（5）检查程序

选择"工具"→"程序检查"命令，弹出"程序检查"对话框，如图 1-29（a）所示，单击"执行"按钮，对程序进行检查。如果编写的梯形图程序没有错误，在"程序检查"对话框的空白处会显示"MAIN　没有错误。"的信息，如图 1-29（b）所示。

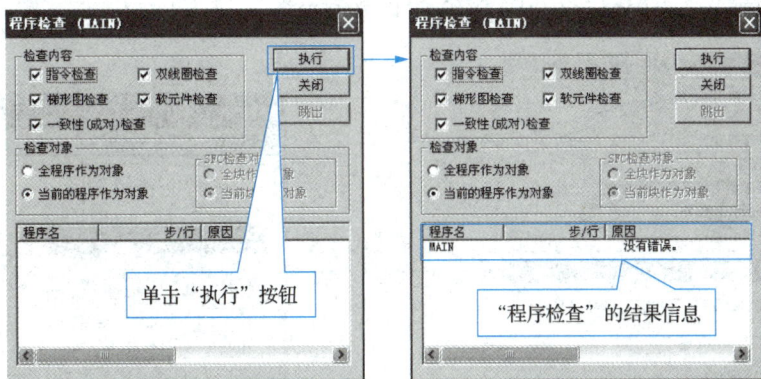

（a）"程序检查"对话框　　　　（b）"程序检查"的结果信息显示

图 1-29　程序检查

导师说

在 GX Developer 编程软件中，梯形图和指令表可以自动转换。将图 1-28 所示梯形图转换成指令表如表 1-7 所示。

表 1-7　转换后的指令表

序号	操作码	操作数
0	LD	X000
1	OUT	Y000
2	LDI	X001

续表

序号	操作码	操作数
3	OUT	Y001
4	END	

（6）梯形图逻辑测试

1）启动梯形图逻辑测试。启动梯形图逻辑测试是对梯形图程序进行仿真测试，操作方法如图 1-30 所示。

如图 1-30（a）所示界面，选择"工具"→"梯形图逻辑测试启动"命令，系统弹出"LADDER LOGIC TEST TOOL"对话框，同时显示"PLC 写入"进程，如图 1-30（b）所示；写入 PLC 程序完成后，"LADDER LOGIC TEST TOOL"对话框中的"RUN"显示框由原来的灰色变成黄色，运行状态也由原来的"STOP"状态转变为"RUN"状态，如图 1-30（c）所示；梯形图程序编辑界面中的蓝色空心矩形光标变成蓝色实心矩形光标，进入程序仿真调试状态，此时，处于闭合状态的触点 X001 和处于得电状态的触点 Y000 将呈现蓝色，如图 1-30（d）所示。

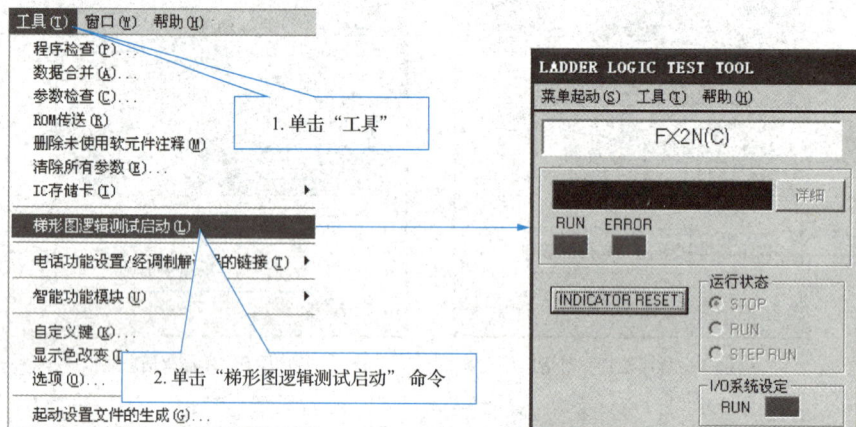

（a）弹出"LADDER LOGIC TEST TOOL"对话框

（b）"PLC写入"进程显示　　（c）"LADDER LOGIC TEST TOOL"对话框（RUN状态）

图 1-30　启动仿真程序

蓝色实心矩形光标

（d）进入仿真状态的工程编辑界面

图 1-30（续）

2）程序逻辑测试。

测试方法：选择"在线"→"调试"→"软元件测试"命令，弹出"软元件测试"对话框，或单击 图标，如图 1-31（a）所示。

在"软元件"下拉列表框中选择"X0"选项后，单击"强制 ON"按钮，将 X0 强制为"ON"，如图 1-31（b）所示，此时梯形图变为图 1-32 所示的状态，表明此时 X0 闭合，输出继电器 Y0 工作。若将 X0 强制为"OFF"，此时梯形图又变回图 1-30（d）所示的状态，表示 X0 断开后 Y0 失电。

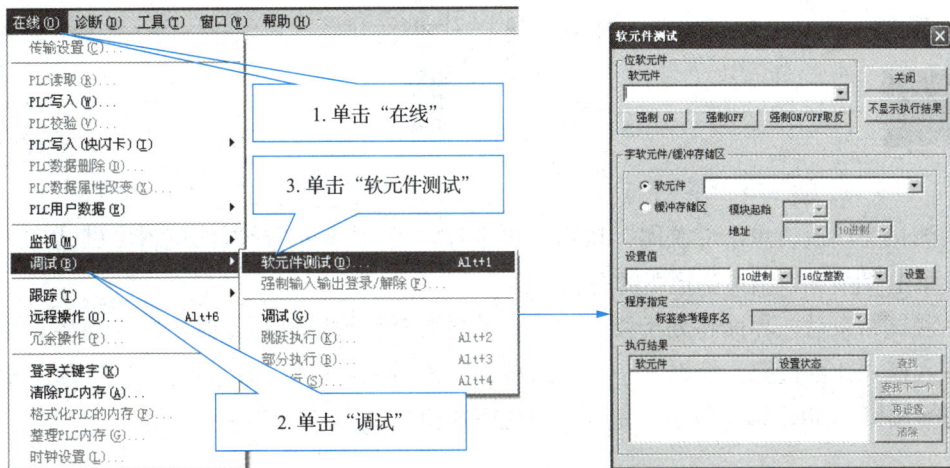

（a）打开"软元件测试"对话框

图 1-31　软元件测试

（b）强制输入继电器X000为"ON"（通电）状态

图 1-31（续）

若再将 X1 强制为"ON"，则 Y1 的输出被停止，如图 1-33 所示。

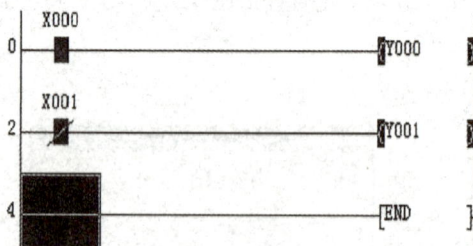

图 1-32　X0 强制"ON"时的界面　　　　　图 1-33　X1 强制"ON"时的界面

测试完成后，单击"关闭"按钮，再选择"工具"→"梯形图逻辑测试结束"命令或单击图标，结束梯形图的逻辑测试。

测试结束后，界面将处于读出模式，若再要对梯形图进行修改，则必须将其切换到写入模式，可选择"编辑"→"写入模式"命令完成模式切换，也可通过单击相应的切换按钮，如图 1-34 所示，完成相应的模式切换。

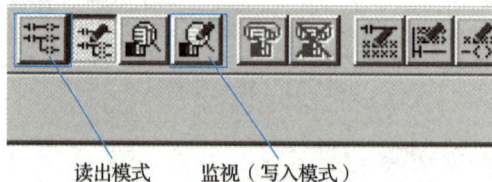

读出模式　　　监视（写入模式）

图 1-34　模式切换

2．相关指令介绍

三菱PLC常用的基本指令在各个项目中将逐一介绍，这里先介绍连接驱动指令和结束指令。

（1）取指令LD和取反指令LDI

LD、LDI指令用于与母线相连的连接点，此外还可用于分支电路的起点。

（2）驱动指令OUT

OUT指令为线圈的驱动指令，它将线圈前的逻辑运算结果输出到指定的继电器，使其触点产生相应的动作。输出指令用于并行输出，能连续使用多次。输出指令不能用于输入继电器。LD、LDI和OUT指令是PLC程序中最基本的输入/输出指令。

（3）结束指令END

END是结束指令，表示程序结束，返回起始地址。在调试程序时可利用END指令进行分段调试。

输入/输出指令及结束指令的功能及表示形式如表1-8所示。

表1-8　输入/输出指令及结束指令

助记符	名称	指令功能	梯形图表示形式	指令表示形式	可用软元件	程序步
LD	取	将常开触点与左母线相连	X000 —┤├—	LD　X000	X、Y、M S、T、C	1
LDI	取反	将常闭触点与左母线相连	X002 —┤/├—	LDI　X002	X、Y、M S、T、C	1
OUT	输出	驱动线圈指令	—（ Y000 ）—	OUT　Y000	Y、M、S T、C	Y，M：1 特M：2 T：3 C：3～5
END	结束	程序结束，返回开始	—┤END├—	END	无	1

3．设计电动机单向点动PLC控制梯形图

使用GX Developer软件创建一个新工程，设置工程名称为"点动控制"，保存在E盘"PLC资料"文件夹中。

（1）编程思路

用输入继电器X0接收控制按钮SB提供的输入信号，用X0的常开触点驱动输出继电器线圈Y40，用输出继电器Y40控制交流接触器线圈KM的通或断，实现电动机的启动和停止。

（2）设计梯形图

根据确定的编程思路设计点动控制梯形图程序，变换后的梯形图如图 1-35（a）所示，对应的指令语句表如图 1-35（b）所示。

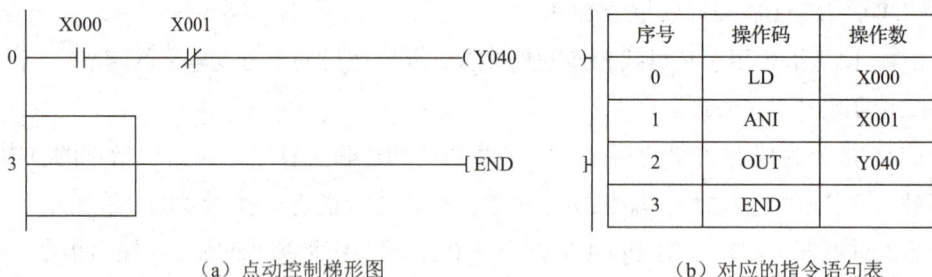

序号	操作码	操作数
0	LD	X000
1	ANI	X001
2	OUT	Y040
3	END	

（a）点动控制梯形图　　　　　　　　（b）对应的指令语句表

图 1-35　点动控制梯形图和指令语句表

（3）检查梯形图程序

选择"工具"→"程序检查"命令，弹出"程序检查"对话框，单击"执行"按钮，对程序进行检查，如果编写的梯形图程序没有错误，则在"程序检查"对话框的空白处会显示"MAIN　没有错误。"的信息。

➡ 任务1.3　安装与调试电动机单向点动 PLC 控制电路

1.3.1　安装电动机单向点动 PLC 控制电路

1. 准备工具及器件

根据表 1-1，准备好相关器材及工具并进行检查。

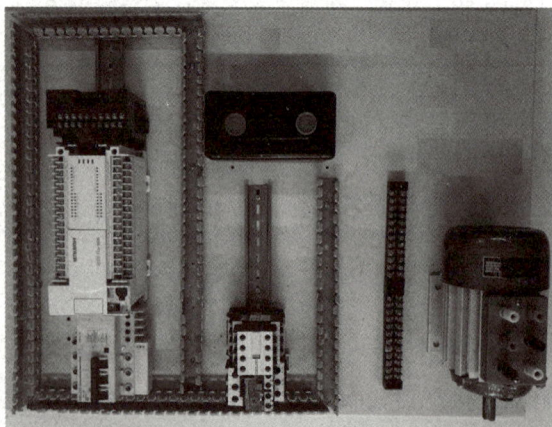

用万用表检查各元器件的质量，包括空气断路器是否通断正常，熔断器的熔体是否导通，交流接触器的各触点是否通断正常，热继电器的主端是否相通，热继电器的热保护触点是否通断正常，按钮接触点是否良好，接触器的线圈阻值是否正常。

2. 安装电工板器件

根据实际基板的尺寸，布置各元器件的安装位置，将各元器件安装在基板上，如图 1-36 所示。

图 1-36　电路元器件布局图

3．连接主电路

参照图1-22，依次将主电路部分的三相电源、空气开关、接触器、热继电器、接线端子、三相异步电动机进行连线，如图1-37所示。

图1-37 连接主电路

4．连接PLC控制电路

PLC控制电路的接线包括PLC供电电源接线、PLC输入信号接线、PLC输出信号接线三个部分。

（1）PLC供电电源接线

三菱FX$_{2N}$系列PLC供电采用220V交流供电，需从空气开关上引入220V交流电并连接到PLC主机的L和N接线端，如图1-38所示。

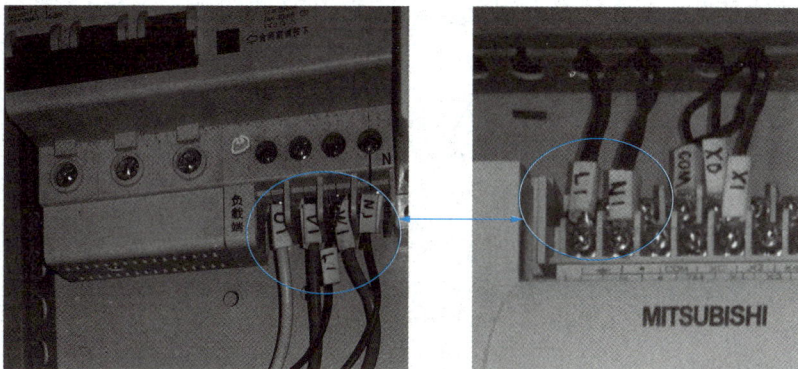

图1-38 PLC供电电源接线

（2）PLC输入信号接线

本任务共有两个输入信号，将按钮及热继电器的常开触点其中一端（任一端）连接在PLC公共端COM上，信号端（另一端）分别连接在PLC的输入端X0、X1上，如图1-39所示。

（3）PLC输出信号接线

利用PLC继电器输出扩展模块作为输出，这里需注意编程时的输出地址应根据实际接线情况修改。具体接线是：引出空气开关中的相线L到交流接触器线圈；从交流接触器线圈到PLC的Y接线端；从PLC输出端COM点到空气开关的N接线端，如图1-40所示。

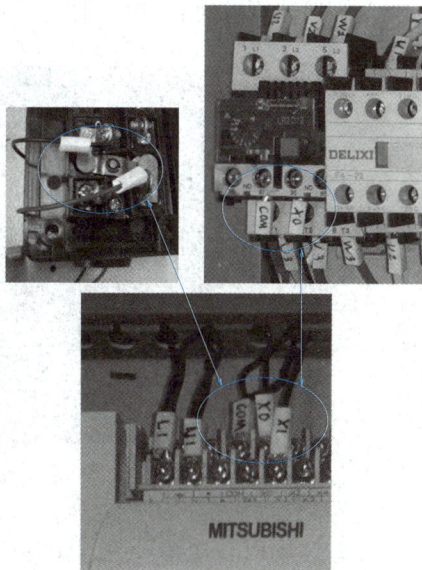

图1-39 PLC输入信号接线

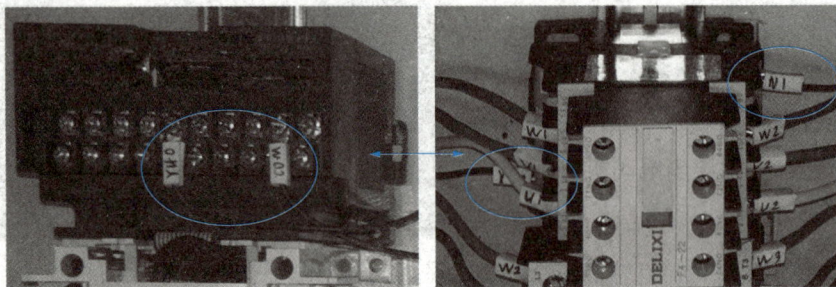

图 1-40　PLC 输出信号接线

导师说

PLC 外围设备的接线关键步骤如下。

1）检查实训台上的设备和器材。

2）按控制要求画出 PLC 外围设备接线图。

3）接线前，要检查确认 PLC 电源已经切断，PLC 的"STOP/RUN"开关置于"STOP"位置，再按照 PLC 外围设备接线图正确接线。注意用电安全和电路安装规范。

4）完成安装后，对电路进行检测。一是用万用表检查同节点的接线端子之间是否完全导通；二是检查各接线端子是否有差错。

1.3.2　调试电动机单向点动 PLC 控制电路

1. 连接 PLC 与计算机

1）把计算机的 RS-232 端口与 PLC 的编程口直接相连，如图 1-41 所示。

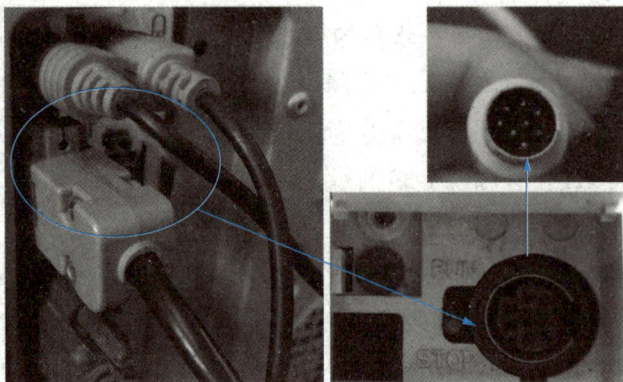

图 1-41　PLC 与计算机的连接

2）打开 PLC 电源开关，此时 PLC 电源指示灯点亮。

3）将 PLC 的"STOP/RUN"开关置于"RUN"位置，此时 PLC 的运行指示灯点亮。

4）选择"在线"→"传输设置"命令，如图 1-42 所示，即可弹出"传输设置"对话框。

5）在"传输设置"对话框中单击"直接连接 PLC 设置"按钮，即可完成相应的 PLC 连接；单击"通信测试"按钮，可检测计算机与 PLC 的连接情况，如图 1-43 所示。

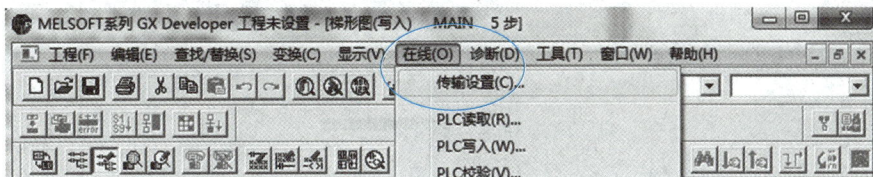

图 1-42　传输设置方法

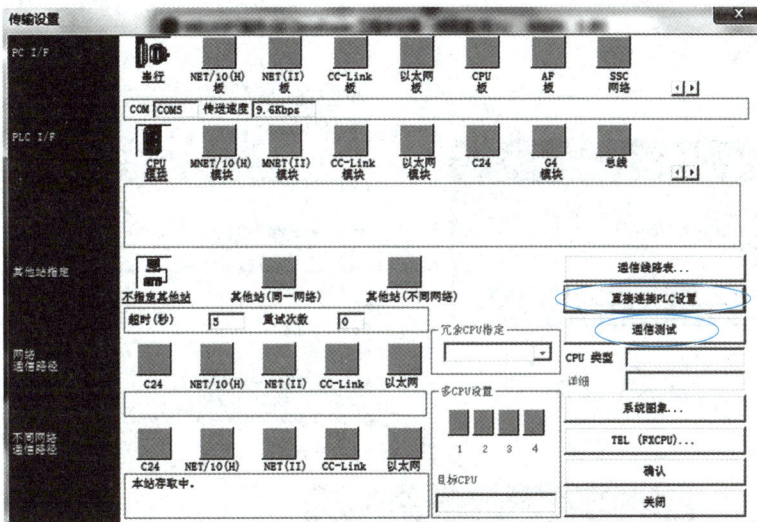

图 1-43　"传输设置"对话框

导师说

PLC 通信通常有以下三种方式：一是使用计算机的 RS-232 端口与 PLC 的编程口直接相连，这是最基本的一种通信方式；二是通过网络实现与其他站点的 PLC 通信；三是通过调制解调器实现与 PLC 远程通信。

2. 下载程序

1）选择"在线"菜单中的"PLC 写入"命令，弹出"PLC 写入"对话框，如图 1-44（a）和（b）所示。

2）在"PLC 写入"对话框的"程序"选项中选中"MAIN"复选框，然后单击"执行"按钮，弹出"MELSOFT 系列 GX Developer"对话框，单击"是"按钮，弹出"PLC 写入"进度显示对话框，如图 1-44（c）所示。

PLC技术与应用

3）程序写入完毕后自动弹出"已完成"显示对话框，单击"确定"按钮，完成梯形图程序写入，如图1-44（d）所示。

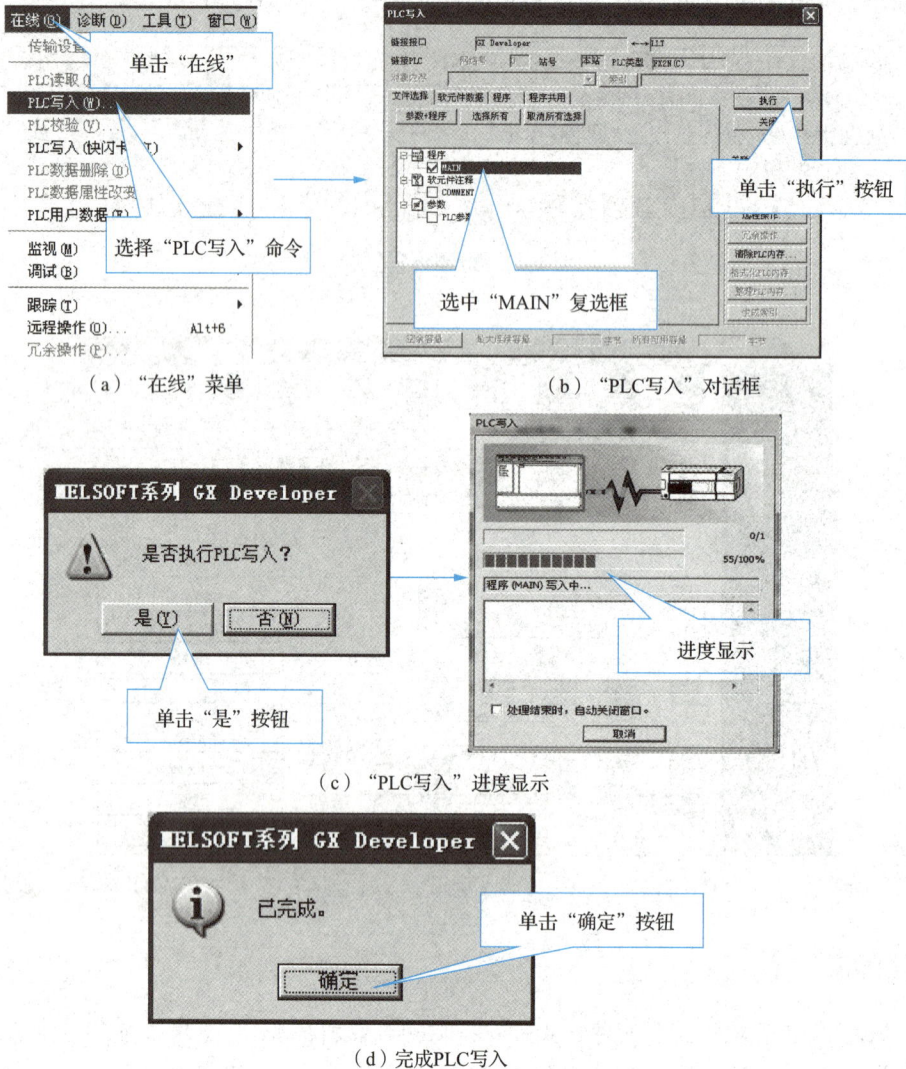

（a）"在线"菜单

（b）"PLC写入"对话框

（c）"PLC写入"进度显示

（d）完成PLC写入

图1-44　下载程序

3. 测试梯形图程序的逻辑功能

测试梯形图程序的逻辑功能，将测试情况填入表1-9。

1）单击图标，启动梯形图逻辑测试功能。

2）逻辑测试功能启动后，观察常闭触点呈蓝色，常开触点呈白色，如图1-45（a）所示。

3）单击图标，启动软元件测试，将X0强制为"ON"，观察常开触点X0和

1-30

(Y040) 呈蓝色, 如图 1-45 (b) 所示。

　　4) 再将 X1 强制为 "ON", 观察常闭触点 X1 和 (Y040) 呈白色, 如图 1-45 (c) 所示。

表 1-9　软元件逻辑功能测试表

逻辑测试功能状态	测试启动时			X0 强制为 "ON" 时			X1 强制为 "ON" 时		
	常闭触点 X1	常开触点 X0	线圈 Y40	常闭触点 X1	常开触点 X0	线圈 Y40	常闭触点 X1	常开触点 X0	线圈 Y40
功能正常时应显示的颜色	蓝色	白色	白色	蓝色	蓝色	蓝色	白色	白色	白色
实际测试时显示的颜色									
判断功能是否正常									

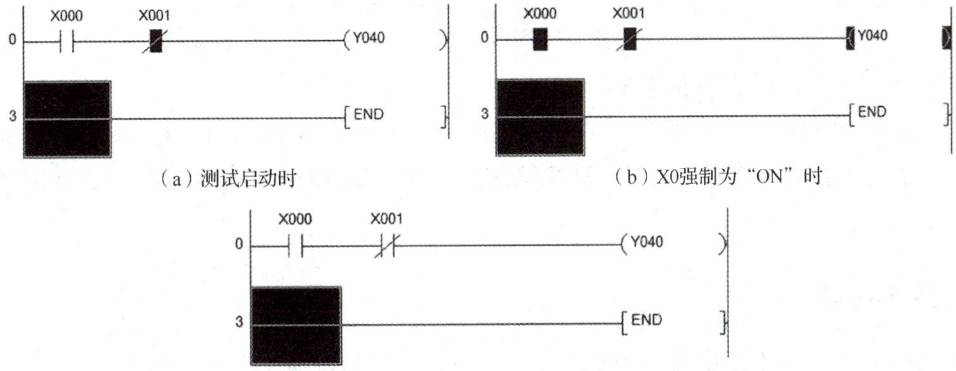

（a）测试启动时　　　　　　　　　　（b）X0强制为 "ON" 时

（c）X1强制为 "ON" 时

图 1-45　测试梯形图程序的逻辑功能

导师说

　　电动机单向点动控制电路的梯形图程序监视运行界面与梯形图程序的仿真界面相同。将 PLC 的 "STOP/RUN" 开关置于 "RUN" 位置, 选择 "在线" → "监视" → "监视模式" 命令, 对 PLC 点动控制电路梯形图程序的运行情况进行实时监控, 按下按钮 SB, 输入继电器的常开触点 X000 变成蓝色的闭合状态, 输出继电器也变成蓝色的通电状态, 此时可见 PLC 的输入 "0" 号指示灯亮, 输出 "0" 号指示灯亮, 电动机启动。松开按钮 SB, 输入继电器的常开触点 X000 恢复白色的断开状态, 输出继电器也恢复白色的断电状态, PLC 控制的电动机也停止。

4. 调试电动机单向点动 PLC 控制电路

核对外部接线无误后, 将 PLC 的 "STOP/RUN" 开关置于 "RUN" 位置。

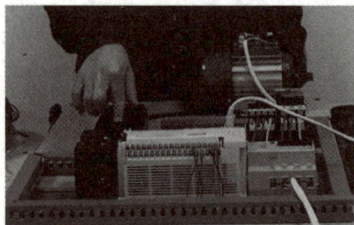

（a）按下SB按钮

（b）松开SB按钮

图 1-46　系统调试运行

（1）空载调试

在不接通主电路电源的情况下，按下按钮 SB，观察 PLC 输出指示灯 Y40 的状态。按下按钮 SB 时，输入 X0 指示灯和输出 Y40 指示灯同时点亮，松开 SB 时，两指示灯均熄灭。

（2）系统调试

1）接通主电路电源，观察电动机是否保持静止。

2）按下按钮 SB，如图 1-46（a）所示，观察接触器 KM、电动机动作是否符合控制要求，即电动机是否启动；松开按钮 SB，如图 1-46（b）所示，观察接触器 KM、电动机动作是否符合控制要求，即电动机是否停转。

3）按下按钮 SB 的同时，拨动热继电器的动作机构，观察电动机的运转情况，若电动机停转，则立即松开按钮（此步操作要特别注意安全）。

电动机单向点动 PLC 控制电路接线完成后，先用万用表进行检查，然后进行通电检测。合上断路器 QF 后，按下启动按钮 SB，电动机运转；松开按钮 SB，电动机停转，任务完成。

项目评价

项目评价由三部分组成，即学生自评、小组评价和教师评价。

项目检查与评价

序号	评价内容	配分	评价标准	学生评价	教师评价
1	实训器材准备	5	工具准备完整性（是 □ 2分） 设备、仪表、材料准备完整性（是 □ 3分）		
2	设计电动机点动 PLC 控制电路	15	设计主电路（是 □ 5分） 确定 I/O 总点数及地址分配（是 □ 5分） 设计 PLC 硬件接线图（是 □ 5分）		
3	设计 PLC 点动控制梯形图程序	22	启动 GX Develope（是 □ 3分） 创建、保存新工程（是 □ 3分） 编写点动控制梯形图程序（是 □ 5分） 变换程序（是 □ 3分） 检查程序（是 □ 3分） 梯形图逻辑测试（是 □ 5分）		
4	安装电动机点动 PLC 控制电路	25	安装电工板器件（是 □ 5分） （2）连接主电路（是 □ 5分） （3）连接 PLC 供电电源（是 □ 5分） （4）PLC 输入信号接线（是 □ 5分） （5）PLC 输出信号接线（是 □ 5分）		

续表

序号	评价内容	配分	评价标准	学生评价	教师评价
5	调试电动机点动PLC控制电路	25	（1）连接PLC与计算机（是 □ 5分） （2）下载程序（是 □ 5分） （3）测试梯形图程序的逻辑功能（是 □ 5分） （4）空载调试（是 □ 5分） （5）系统调试（是 □ 5分）		
6	安全与文明生产	8	环境整洁（是 □ 2分） 工具、仪表摆放整齐（是 □ 3分） 遵守安全规程（是 □ 3分）		

拓展提高　PLC输入/输出接口及继电器

1. PLC输入接口和输入继电器 X

PLC的输入接口由内部DV 24V电源供电，外部连接各种开关信号，内部连接输入继电器X的线圈。输入继电器X的线圈仅受外部所连接信号开关的控制，而不受内部程序的控制，所以梯形图中不显示其线圈，仅显示其触点。输入接口等效回路如图1-47所示。

习惯上将PLC输入端子的内部接口电路称为输入继电器。例如，PLC输入端在X001内部的电路称为输入继电器X001。当按下按钮SB后，输入接口电路工作，产生一个电信号，输入到映像寄存器，再通过数据总线输送给CPU处理。这个过程可以等效成继电器的工作过程，即按下按钮SB，输入继电器X001线圈得电，输入继电器X001常开触点闭合、常闭触点断开。

输入继电器常开触点和常闭触点的使用不受数量限制。

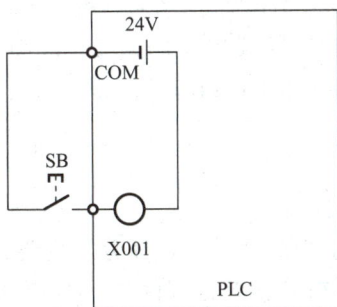

图1-47　输入接口等效回路

设计PLC接线图时，外部信号开关尽量采用常开触点，这样在PLC初始状态下，内部输入继电器为释放状态，其触点为"常态"，与梯形图显示的触点状态一致，以便于程序分析。若采用信号开关的常闭触点，则初始状态下内部输入继电器的触点为"动作状态"，与梯形图显示的触点相反，分析梯形图时需特别注意。

2. PLC 输出接口和输出继电器 Y

PLC 的输出接口由外部电源供电，外部连接接触器、电磁阀的线圈和信号灯等输出执行部件，内部连接输出继电器的常开触点，将内部控制信号送出。PLC 输出端外部所连接的输出执行部件，仅仅受内部输出继电器 Y 的常开输出触点控制。

PLC 每一个输出端子在内部都对应有一个完整的电路，习惯上将该电路称为输出继电器。例如，PLC 输出端子 Y000 内部的电路称为输出继电器 Y000。若 PLC 连接的负载是接触器 KM 线圈，它和交流电源串联后，连接在 PLC 的输出端子 Y000 和公共端子 COM0 之间。PLC 的 CPU 运算后，通过数据总线，将执行程序后的运算结果输送到映像寄存器，该结果对应的信号通过输出接口电路放大，去驱动连接在 PLC 输出端子 Y000 上的负载工作，这个过程可以看成输出继电器 Y000 线圈得电，Y000 的常开触点闭合，KM 线圈和交流电源形成回路，KM 线圈得电。输出接口等效回路如图 1-48 所示。

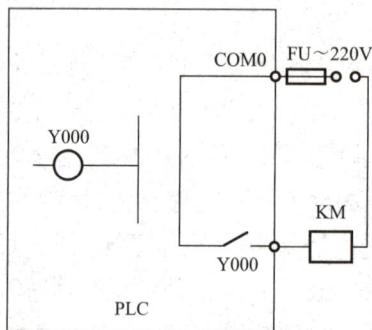

图 1-48　输出接口等效回路

输出继电器 Y 的常开输出触点与外部输出执行部件一一对应，梯形图中仅显示其线圈，而不是该触点。输出执行部件是否受电，与对应的输出继电器 Y 的线圈是否受电一致。

PLC 输入、输出继电器的数目随 PLC 的型号不同而不同，由其输入 / 输出接口数目决定，标号排序也是由输入 / 输出接口标号决定。输入 / 输出接口标号为八进制，即尾号为 0 ~ 7，没有 8 和 9。

3. PLC 的输入 / 输出部件

输入部件是可编程控制系统的信号输入部分，主要有控制按钮、行程开关、接近开关等，用于发送控制指令。PLC 的输入部件如图 1-49 所示。

（a）控制按钮　　　　　　　（b）行程开关　　　　　（c）接近开关

图 1-49　PLC 的输入部件

PLC 输出接口电路带负载的能力是有限的，它是通过执行装置（接触器、变频器、气动电磁阀等）来带动生产机械工作的，这些执行装置就是 PLC 的输出部件。PLC 常用输出部件有接触器、气动电磁阀、变频器等设备，如图 1-50 所示。

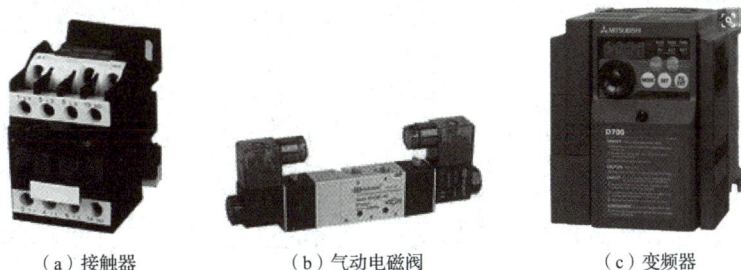

（a）接触器　　　　　　　（b）气动电磁阀　　　　　　　（c）变频器

图 1-50　PLC 常用输出部件

4．PLC 的选用与维护

在 PLC 系统设计时，首先应确定控制方案，接着是 PLC 工程设计选型。工艺流程的特点和应用要求是设计选型的主要依据。PLC 及有关设备应是集成的、标准的，按照易于与工业控制系统形成一个整体、易于扩充其功能的原则，所选用的 PLC 应是在相关工业领域中有投运业绩、成熟可靠的系统，PLC 的系统硬件、软件配置及功能应与装置规模和控制要求相适应。熟悉 PLC、功能表图及有关的编程语言有利于缩短编程时间。因此，工程设计选型和估算时，应详细分析工艺过程的特点、控制要求，明确控制任务和范围，确定所需的操作和动作，然后根据控制要求，估算输入 / 输出点数、所需存储器容量，确定 PLC 的功能、外部设备特性等，最后选择较高性价比的 PLC 和设计相应的控制系统。

PLC 的接线是学习和使用 PLC 的重要内容，而 PLC 的日常维护也很重要。PLC 的维护主要内容包括测量 PLC 端子处电压，检查电源，分析环境情况，测量输入、输出的电压，检查 I/O 端电压，连接及紧固件是否牢固，备用电池是否定期更换等，具体维护检查项目及检查方法如表 1-10 所示。

表 1-10　PLC 维护检查项目及检查方法

项目	检查要点	注意事项
供电电源	测量 PLC 端子处的电压以检测电源情况	交流型 PLC 工作电压为 85～265V 直流型 PLC 工作电压为 20.4～26.4V
环境条件	环境温度、环境湿度、有无污物和粉尘	环境温度 0～55℃，相对湿度 35%～85% 且不结露，无积尘、异物
I/O 端电压	测量输入、输出端子上的电压	均应在工作要求的电压范围内
安装条件	各单元是否安装牢固，所有螺钉是否拧紧，接线和接线端子是否完好	所有单元的安装螺钉必须紧固，连接线及接线端子牢固，无短路和氧化现象
寿命元器件更换	备用电池是否定期更换等	备用电池每 3～5 年更换一次，继电器输出型的触点寿命约 300 万次

检测与反思

基础题

1. 填空题

（1）PLC 型号为 FX$_{2N}$-64MR，则表示该 PLC 为_____系列，输入／输出点数为_____点，为_____输出形式的_____单元。

（2）用_____来改变 PLC 的工作模式，它有_____和_____两种位置可以选择。则 PLC 的运行指示灯_____，表示 PLC 正处于运行状态。

（3）将 PLC 的模式转换开关打到 STOP 位置上，则 PLC 的运行指示灯_____，表示 PLC 正处于_____状态。

2. 判断题

（1）PLC 接通电源后，仅有 POWER 电源指示灯点亮，此时 PLC 处于可编辑状态。
（　　）

（2）当 PLC 处于正常运行状态时，RUN 运行指示灯点亮。（　　）

（3）在 GX Developer 编程软件中，梯形图和指令表可以自动转换。（　　）

3. 选择题

（1）（　　）指令是 PLC 程序中最基本的输出指令，表示用逻辑运算的结果输出驱动线圈。

    A. LD　　　　　　B. LDI　　　　　　C. OUT　　　　　　D. NOP

（2）（　　）指令表示逻辑运算的开始，常表示将常开触点与左母线相连。

    A. LD　　　　　　B. LDI　　　　　　C. OUT　　　　　　D. NOP

（3）线圈驱动指令 OUT 不能驱动的软元件是（　　）。

    A. X　　　　　　B. Y　　　　　　C. T　　　　　　D. C

（4）根据下图所示的梯形图程序，下列选项中语句表程序正确的是（　　）。

梯形图程序

A. LD   M0
   ANI   X002
   AND   X003
   OUT   Y000

B. LD   M0
   AND   X002
   ANI   X003
   OUT   Y000

C. LDI   M0
   AND   X002
   ANI   X003
   OUT   Y000

D. LDI   M0
   ANI   X002
   AND   X003
   OUT   Y000

提高题

1. 填空题

（1）PLC 程序设计中最常用的一种编程语言是_____。

（2）PLC 的基本组成主要由_____、_____、_____、_____及_____等五部分构成。

2. 判断题

（1）PLC 在运行时，若无中断、跳转指令，则按存储地址号递增的方向顺序逐条执行用户程序，直到 END 指令结束，然后再从头开始重复执行，直到 PLC 停机或者切换到停止模式。　　　　　　（　　）

（2）对于共用一个公共端子的同一组输出，可使用不同的电压类型和电压等级。
　　　　　　（　　）

（3）PLC 作为通用工业控制计算机，其编程语言采用与继电器控制线路相似的梯形图，容易被工程技术人员接受，简洁、直观、易于理解和掌握。　　　　（　　）

3. 选择题

（1）有一 PLC 控制系统，已占用了 16 个输入点和 8 个输出点，则应选择的 PLC 型号为（　　）。

A. FX_{2N}-16MR
B. FX_{2N}-32MR
C. FX_{2N}-48MR
D. FX_{2N}-64MR

（2）与下列语句表程序对应的正确梯形图是（　　）。

```
0  LDI  X000
1  AND  X001
2  OUT  M0
3  OUT  Y000
```

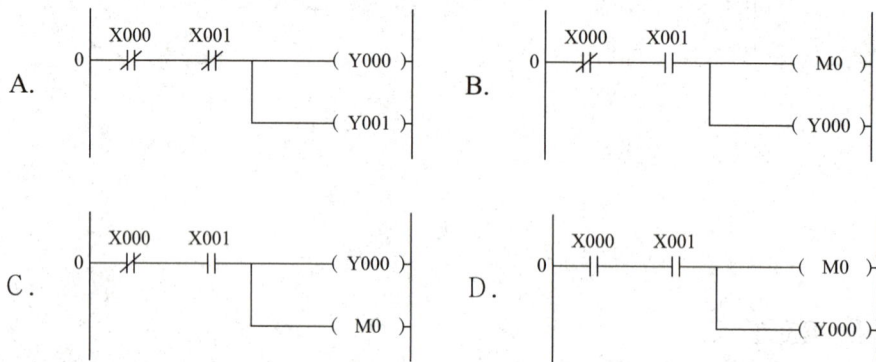

A. 　B.

C. 　D.

拓展题

1. 填空题

PLC 在正常工作时不断重复逐条执行用户程序，这种工作方式称为_____工作方式，它主要包括_____、_____和_____这三个阶段。

2. 判断题

（1）在 PLC 系统设计时，首先应确定控制方案，接着是 PLC 工程设计选型。
（　　）
（2）如果 BATT.V 内部锂电池电压低指示灯点亮，说明锂电池电压不足，应更换。
（　　）

3. 简答题

（1）简述 PLC 的工作原理。
（2）简述 PLC 的特点。
（3）PLC 常用的编程语言有哪几种？

4. 设计题

现有两台小功率（10kW）的电动机，均采用点动控制方式，两台电动机独立控制，用一个 PLC 设计控制系统。请规范设计，完成主回路、控制回路、I/O 地址分配、PLC 程序及元器件的选择。

项目 2　电动机的单向点动－连续运行 PLC 控制

教学目标

素质目标

1. 培养学生主动学习和勤于思考的习惯，在团结协作中完成电路的设计、安装和调试。

2. 培养学生在实践中，积极有效处理检修、故障判断等各种技术问题，以实事求是的原则和一丝不苟的态度完成项目学习。

3. 学生在掌握知识必备的技能基础上，鼓励自由探索。

知识目标

1. 掌握基本指令 OR、ORI、AND、ANI、ORB、ANB 的应用。

2. 掌握梯形图的编写方法。

3. 理解置位指令 SET、复位指令 RST 的应用。

能力目标

1. 能利用置位、复位指令进行简单编程。

2. 能利用 PLC 编程指令编写 PLC 程序。

3. 能根据任务要求设计并连接 PLC 输入 / 输出端口电路，实现任务控制功能。

项目描述

在电气控制设计时，如何实现灵活的设备控制，能让操作者更方便快捷的使用设备是我们电气设计人员的重要设计原则。比如吊车的定点放物、行车定点移动、部分车床作轴向或径向移动定位时，常需要同一电动机既能完成比较长时间的连续运行，又能完成短时间的点动运行。简单地说，就是要求用三个控制按钮来控制电动机，一是点动控制按钮，按下时电动机启动，松开时电动机停止；二是连续运行启动按钮，按下时电动机启动，松开时电动机保持运行状态；三是停止按钮，用于连续运行时控制电动机的停止。本项目主要使用 PLC 编程来完成对电动机的单向点动－连续运行的控制要求，控制电路图如图 2-1 所示。

图 2-1　电动机单向点动－连续运行 PLC 控制电路

项目准备

为完成本项目，需要准备如表 2-1 所示的工具、仪表及材料。

表 2-1　任务准备清单

名称	型号／规格	数量	备注	实物图
可编程逻辑控制器	三菱 FX$_{2N}$-48MR	1 台	含继电器输出模块	
交流接触器	CJX2	1 个	—	
空气开关	DZ47LE-C32	1 个	可代替熔断器	
控制按钮	自恢复	3 个	3 个独立按钮	
端子排	—	2 个	—	
热继电器	JR28-25	1 个	—	
三相电动机	200W	1 台	—	
电源导线	单芯、多芯	若干	多颜色备用	
电工工具套装	—	1 套	包含万用表、螺丝刀、剥线钳等常用电工工具	
计算机	台式机、笔记本均可	1 台	安装好三菱编程软件	
数据线	三菱 PLC 专用通信线	1 根	能连接计算机和三菱 PLC 实现通信	

工作流程图如图 2-2 所示，根据任务要求设计电路原理图，包括主电路原理图及 PLC 接线图；参照梯形图进行 PLC 编程；按照 PLC 接线图和主电路接线图进行接线并通电调试。后面各项目也可按此工作流程进行工作。

电路原理图设计 ⟹ PLC程序设计 ⟹ 电工板的安装 ⟹ 程序下载及调试

图 2-2　工作流程图

项目实施

▶ 任务 2.1　设计电动机单向点动－连续运行 PLC 控制电路

2.1.1　了解单向点动－连续运行控制原理

在生产实践过程中，某些生产机械常要求既能连续工作，又能实现调整位置的点动工作。图 2-3 所示为几种常用的继电－接触器系统实现的控制线路图。

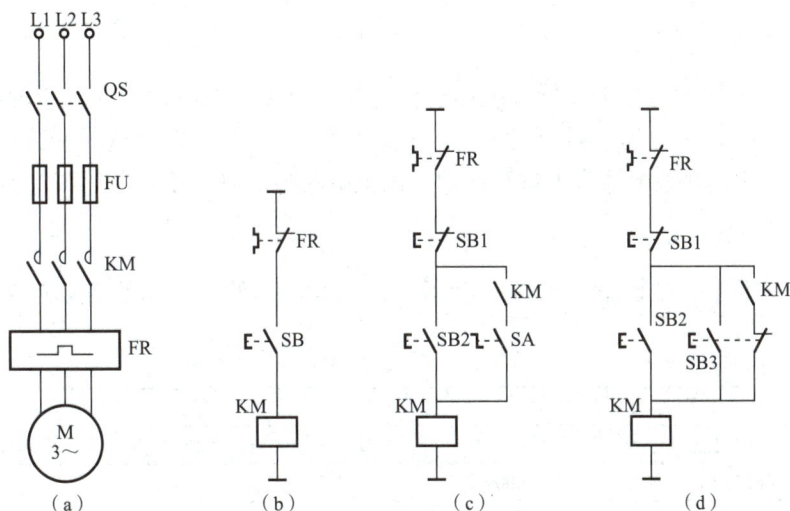

图 2-3　异步电动机控制线路图

图 2-3（a）为主电路。工作时，合上开关 QS，三相交流电经过 QS、熔断器 FU、接触器 KM 主触点、热继电器 FR 至三相交流电动机。

图 2-3（b）为最简单的点动控制线路。启动按钮 SB 没有并联接触器 KM 的自锁触点，按下 SB，KM 线圈通电；松开按钮 SB 时，接触器 KM 线圈失电，其主触点断开，电动机停止运转。

图 2-3（c）是带手动开关 SA 的点动控制线路。当需要点动控制时，只要把开关 SA 断开，由按钮 SB2 来进行点动控制；当需要正常运行时，只要把开关 SA 合上，将 KM 的自锁触点接入，即可实现连续控制。

图 2-3（d）中增加了一个复合按钮 SB3 来实现点动控制。需要点动运行时，按下 SB3 点动按钮，其常闭触点先断开自锁电路，常开触点闭合，接通启动控制电路，接触器 KM 线圈得电，主触点闭合，接通三相电源，电动机启动运转；当松开点动按钮 SB3 时，KM 线圈失电，KM 主触点断开，电动机停止运转。若需要电动机连续运转，由停止按钮 SB1 及启动按钮 SB2 控制，接触器 KM 的常开辅助触点起自锁作用。

2.1.2 设计电动机单向点动 – 连续运行 PLC 控制电路

1. 分析系统输入 / 输出信号

根据任务要求，系统的输入信号由两部分构成：一是三相异步电动机停止、点动运行和连续运行的控制信号，分别由按钮 SB1、SB2 和 SB3 提供；二是三相异步电动机的过载检测信号，由热继电器 FR 的常闭触点提供。

系统需提供一个输出信号，用于驱动接触器 KM，使三相异步电动机实现点动运行和连续运行。

2. 设计主电路

该任务要求使用三相交流异步电动机作为控制对象，电路使用交流接触器作为主要控制器件。同时考虑到电路的安全性，电路使用熔断器或带漏电保护的空气开关作为短路保护，使用热继电器作为过载保护。该主电路与项目 1 相同，如图 1-21 所示。

3. 设计 PLC 控制电路

根据任务要求，PLC 单向点动 – 连续运行控制电路 I/O 地址分配表如表 2-2 所示。

表 2-2 PLC 单向点动 – 连续运行控制电路 I/O 地址分配表

输入端（I）			输出端（O）		
序号	输入设备	端口编号	序号	输出设备	端口编号
1	热继电器 FR（常开触头）	X000	1	接触器 KM	Y040
2	停止按钮 SB1	X001			
3	点动运行按钮 SB2	X002			
4	连续运行按钮 SB3	X003			

根据控制要求，PLC 单向点动 – 连续运行控制电路共有 4 个输入端和 1 个输出端，其接线图如图 2-4 所示。

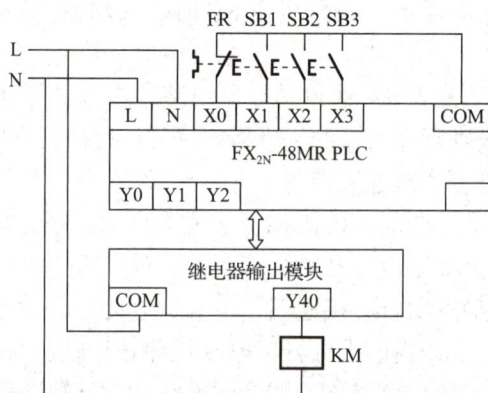

图 2-4 单向点动 – 连续运行控制电路的 I/O 接线图

▶ 任务 2.2 设计电动机单向点动－连续运行 PLC 控制程序

2.2.1 常用指令及辅助继电器介绍

1. 常用指令

（1）并联指令 OR 和 ORI

或指令 OR 为常开触点并联连接，进行逻辑"或"运算。或非指令 ORI 为常闭触点并联连接，进行逻辑"或"运算。该指令支持软元件 X、Y、M、C、S、T。

（2）串联指令 AND 和 ANI

与指令 AND 为常开触点串联连接，进行逻辑"与"运算。与非指令 ANI 为常闭触点串联连接，进行逻辑"与"运算。该指令支持软元件 X、Y、M、C、S、T。

（3）块指令 ORB 和 ANB

或块指令 ORB 为两个或两个以上的触点串联连接的电路之间的并联指令。与块指令 ANB 为两个或两个以上触点并联连接的电路之间的串联指令，该指令不是用来描述单个触点与其他触点的电路连接关系的。如果所串联的是一个并联电路块或并联的是一个串联电路块，则不能使用串联、并联指令，而要用电路块指令 ANB 和 ORB。

（4）置位指令 SET 和复位指令 RST

SET 为置位指令，强制操作元件置"1"，并具有自保持功能，即驱动条件断开后，操作元件仍维持接通状态。该指令支持软元件 Y、M、S。

RST 为复位指令，强制操作元件置"0"，同样具有自保持功能。RST 指令除了可以对位元件进行置"0"操作外，还可以对字元件进行清零操作，即把字元件数值变为 0。RST 指令对定时器和计数器进行复位操作时，除把当前值清零外，还把所有的常开触点、常闭触点进行复位操作（恢复原来状态）。该指令支持软元件 Y、M、S、T、C、D。

对于同一操作元件可以多次使用 SET 和 RST 指令，顺序可以任意，但以最后执行的一条指令为有效。在实际使用时，尽量不要对同一位元件进行 SET 和 OUT 操作。因为这样做，虽然不是双线圈输出，但如果 OUT 的驱动条件断开时，SET 的操作不具有自保持功能。

相关指令助记符及功能如表 2-3 所示。

表 2-3 相关指令助记符及功能

助记符	名称	功能	梯形图表示	可用软元件	程序步
AND	与	串接常开触点	AND	X.Y.M S.T.C	1

助记符	名称	功能	梯形图表示	可用软元件	程序步
ANI	与非	串接常闭触点		X.Y.M S.T.C	1
OR	或	并接常开触点		X.Y.M S.T.C	1
ORI	或非	并接常闭触点		X.Y.M S.T.C	1
ORB	并接电路块	串联电路块的并接		无	1
ANB	串接电路块	并联电路块的串接		无	1
SET	置位	动作保持，为 ON	SEY Y.M.S	Y, M, D, V, Z, S, 特 M	Y, M：1 D, V, Z：3 S, 特 M：2
RST	复位	动作复位，为 OFF。且当前值及触点复位	RST Y.M.S.T.C.D	Y, M, D, V, Z, S, 特 M	Y, M：1 D, V, Z：3 S, 特 M：2

2. 辅助继电器（M）

（1）通用辅助继电器（M0 ～ M499）

FX$_{2N}$ 系列共有 500 个通用辅助继电器。通用辅助继电器在 PLC 运行时，如果电源突然断电，则全部线圈均为 OFF 状态。当电源再次接通时，除了因外部输入信号而变为 ON 的以外，其余的仍将保持 OFF 状态，因为它们没有断电保护功能。通用辅助继电器常在逻辑运算中作辅助运算、状态暂存、移位等。

根据需要可通过程序设定，将 M0 ～ M499 设定为断电保持辅助继电器。

（2）断电保持辅助继电器（M500 ～ M3071）

FX$_{2N}$ 系列有 M500 ～ M3071 共 2572 个断电保持辅助继电器。它与普通辅助继电器不同的是具有断电保护功能，即能记忆电源中断瞬时的状态，并在重新通电后再现其状态。它之所以能在电源断电时保持其原有的状态，是因为电源中断时，PLC 中的锂电池作用保持了它们映像寄存器中的内容。其中 M500 ～ M1023 可由软件将其设定为通用辅助继电器。

（3）特殊辅助继电器

PLC 内有大量的特殊辅助继电器，它们都有各自的特殊功能。FX$_{2N}$ 系列中有 256 个特殊辅助继电器，可分成触点型和线圈型两大类。

1）触点型。其线圈由 PLC 自动驱动，用户只可使用其触点。例如：

M8000：运行监视器（在 PLC 运行中接通），M8001 与 M8000 相反逻辑。

M8002：初始脉冲（仅在运行开始时瞬间接通），M8003 与 M8002 相反逻辑。

M8011、M8012、M8013 和 M8014 分别是产生 10ms、100ms、1s 和 1min 时钟脉冲的特殊辅助继电器。

2）线圈型。由用户程序驱动线圈后 PLC 执行特定的动作。例如：

M8033：若使其线圈得电，则 PLC 停止时保持输出映像存储器和数据寄存器内容。

M8034：若使其线圈得电，则将 PLC 的输出全部禁止。

M8039：若使其线圈得电，则 PLC 按 M8039 中指定的扫描时间工作。

导师说

用辅助继电器（M）标示设备的运行状态，是辅助继电器（M）最为典型的应用。通过辅助继电器（M）的中转，使编程变得相对简单。

2.2.2 设计电动机单向点动－连续运行 PLC 控制程序

1. 编写梯形图程序

打开三菱 GX 编程软件，新建一个名称为"点动－连续运行"的工程，编写梯形图程序。

基于任务功能要求，按照功能先后顺序逐步编写。点动按钮（X002）按下后输出点动运行标志（M0），松开后标志失效；连续运行按钮（X003）按下后，经过热继电器触点信号（X000）输出，对连续运行标志（M1）置位；当按下停止按钮（X001）或热继电器触点信号（X000）时，连续运行标志复位；当点动运行标志（M0）或连续运行标志（M1）出现时控制信号（Y040）输出。单向点动－连续运行的 PLC 控制梯形图如图 2-5 所示。

1）点动控制 X002 输出点动运行标志 M0。

2）连续控制 X003 输出置位连续运行标志 M1，同时加上热继电器保护 X000 常闭。

3）停止控制 X001 或热继电器保护 X000 输出复位 M1。

4）当点动运行标志或连续运行标志出现时输出 Y040，以控制交流接触器线圈达到控制电动机运行的目的。

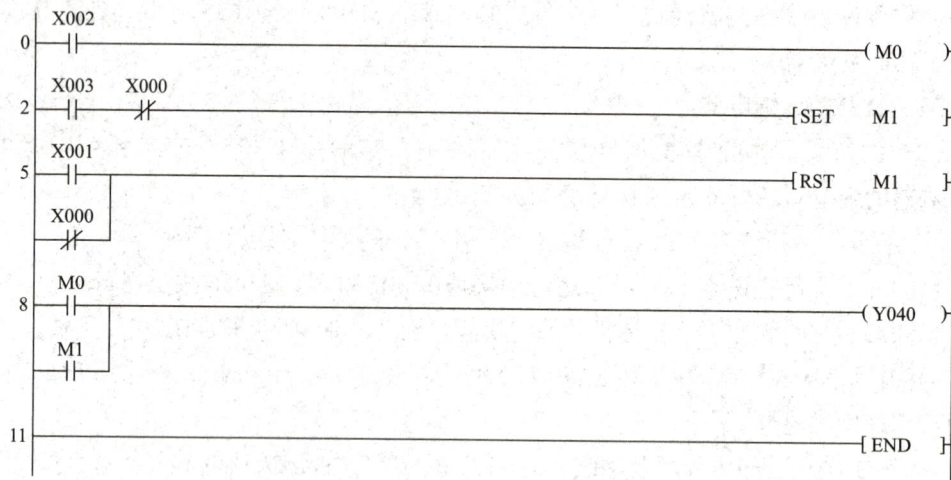

图 2-5　单向点动 - 连续运行的 PLC 控制梯形图

2．指令表

0	LD	X002
1	OUT	M0
2	LD	X003
3	ANI	X000
4	SET	M1
5	LD	X001
6	ORI	X000
7	RST	M1
8	LD	M0
9	OR	M1
10	OUT	Y040
11	END	

任务 2.3　安装与调试电动机单向点动 - 连续运行 PLC 控制电路

2.3.1　安装电动机单向点动 - 连续运行 PLC 控制电路

1．准备工具及器件

根据主电路原理图［图 2-3（a）］及 PLC 控制电路图（图 2-4）准备相关器件及工具，如图 2-6 所示。具体工具材料及器件参考表 2-1 的清单进行选择。

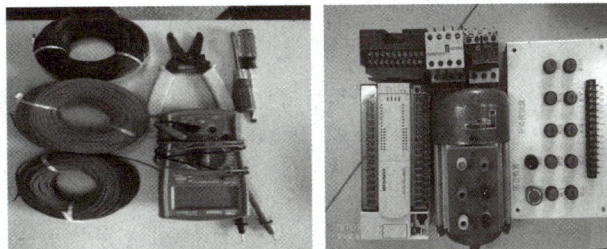

图 2-6　工具材料及器件

2. 安装电工板器件

选用铁质电工板或其他具有绝缘保护的金属控制箱，将所需的器件进行科学合理地布局。布局时需考虑工程实际，执行设备（电动机）、控制按钮、电源引入线均属于控制电路板以外部分，需经过接线端子排进行转接。电路器件布局图如图 2-7 所示。

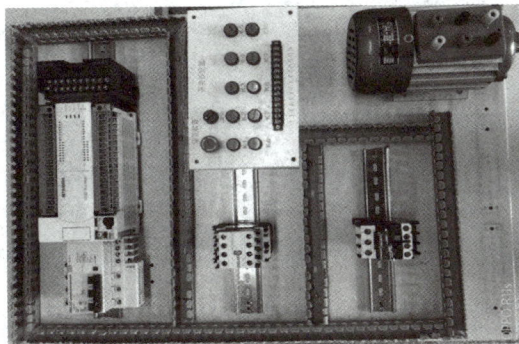

图 2-7　电路器件布局图

3. 连接主电路

主电路是指从三相电源引入到电动机部分的线路，本任务中三相电源 U、V、W 分别以黄、绿、红三个颜色的导线进行连接，主电路接线实物图如图 2-8 所示。

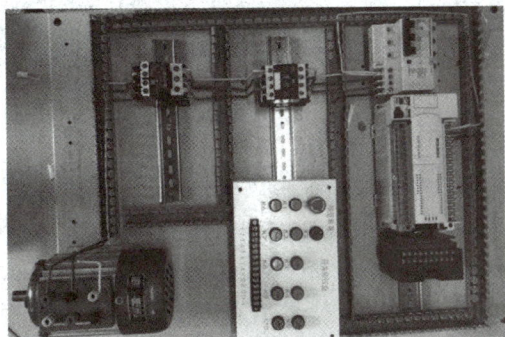

图 2-8　主电路接线实物图

4. 连接 PLC 控制电路

PLC 控制电路部分接线包括 PLC 供电电源接线、PLC 输入信号接线、PLC 输出信号接线三个部分。

（1）PLC 供电电源接线

三菱 FX_{2N} 系列 PLC 供电采用 220V 交流电，需从空气开关上引入 220V 交流电并接到 PLC 主机的 L 和 N 接线端，如图 2-9 所示。

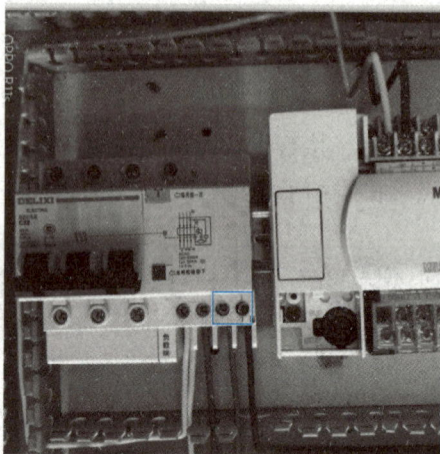

图 2-9　PLC 供电电源接线

（2）PLC 输入信号接线

本任务共有 4 个输入信号，将 3 个按钮及热继电器的常开触点 COM 端（常开点的任一端）连接在 PLC 输入端 COM 上，信号端（常开点的另一端）连接在 PLC 的 X0～X3 上，PLC 输入信号接线如图 2-10 所示。

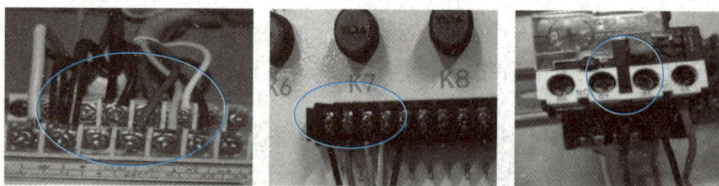

图 2-10　PLC 输入信号接线

在 PLC 输入电路中，一般情况下尽量用常开触点提供 PLC 的输入信号。常开和常闭什么时候导通？我们可以这样来区分：对于输入是以 +24V 为公共点的，由高电平（+24V）输入到 PLC 时，对应的常开触点闭合，对应的常闭触点断开；对于输入是以 0V 为公共点的，由低电平（0V）输入到 PLC 时，对应的常开触点闭合，对应的常闭触点断开。

导师说

　　控制电路在事故情况下，应能保证操作人员、电气设备、生产机械的安全，并能有效地制止事故的扩大。PLC外接急停按钮时要使用常闭触点，在梯形图中使用常开触点。急停按钮和用于安全保护的限位开关的硬件常闭触点比常开触点更为可靠。如果外接的急停按钮的常开触点接触不好或线路断线，会导致紧急情况时按急停按钮不起作用。如果PLC外接的是急停按钮的常闭触点，出现上述问题时将会使设备停机，有利于及时发现和处理触点的问题。因此用急停常闭按钮和安全保护的限位开关的常闭触点给PLC提供输入信号最安全、最可靠。

（3）PLC输出信号接线

　　利用PLC继电器输出扩展模块作输出，这里需注意编程时的输出地址应根据实际修改。具体接线是：空气开关的其中一根相线L引出到交流接触器线圈；从交流接触器线圈到PLC的Y接线端；从PLC输出端COM点到空气开关的N接线端。PLC输出信号接线如图2-11所示。

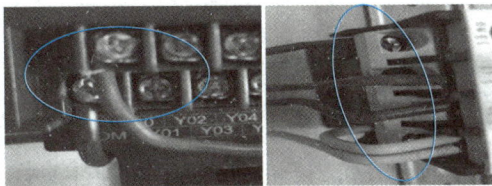

图2-11　PLC输出信号接线

2.3.2　调试电动机单向点动－连续运行PLC控制电路

　　下载点动－连续运行程序，在编程界面中单击"监视"按钮后，开始操作电工板控制按钮，点动运行监视如图2-12所示，连续运行监视如图2-13所示。

图2-12　点动运行监视

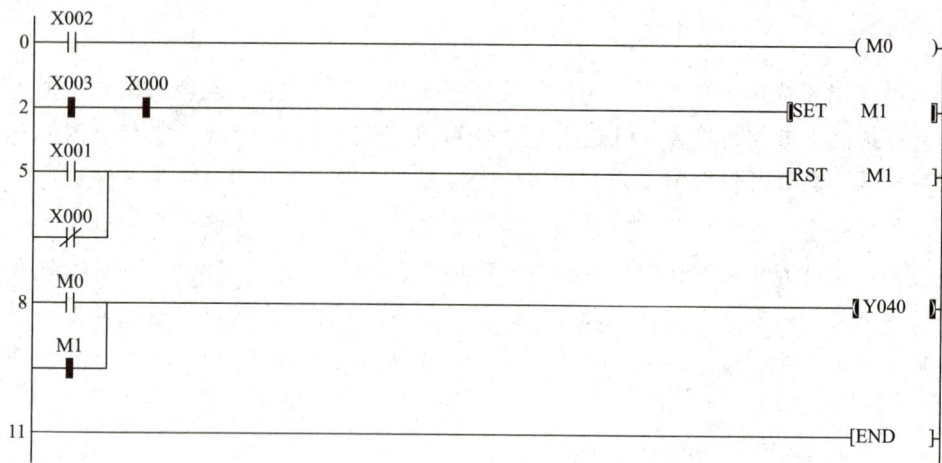

图 2-13　连续运行程序监视

项目评价

项目评价由三部分组成，即学生自评、小组评价和教师评价。

项目检查与评价

序号	评价内容	配分	评价标准	学生评价	教师评价
1	实训器材准备	5	（1）工具准备完整性（是 □ 2分） （2）设备、仪表、材料准备完整性（是 □ 3分）		
2	设计电动机单向点动 - 连续运行 PLC 控制电路	15	（1）设计主电路（是 □ 5分） （2）确定 I/O 总点数及地址分配（是 □ 5分） （3）设计 PLC 硬件接线图（是 □ 5分）		
3	设计电动机单向点动 - 连续运行 PLC 控制程序	22	（1）启动 GX Develope（是 □ 3分） （2）创建、保存新工程（是 □ 3分） （3）编写点动 - 连续控制梯形图程序（是 □ 5分） （4）变换程序（是 □ 3分） （5）检查程序（是 □ 3分） （6）梯形图逻辑测试（是 □ 5分）		
4	安装电动机单向点动 - 连续运行 PLC 控制电路	25	(1)安装电工板器件（是 □ 5分） （2）连接主电路（是 □ 5分） （3）PLC 供电电源接线（是 □ 5分） （4）PLC 输入信号接线（是 □ 5分） （5）PLC 输出信号接线（是 □ 5分）		
5	调试电动机单向点动 - 连续运行 PLC 控制电路	25	（1）连接 PLC 与计算机（是 □ 5分） （2）下载程序（是 □ 5分） （3）测试梯形图程序的逻辑功能（是 □ 5分） （4）空载调试（是 □ 5分） （5）系统调试（是 □ 5分）		
6	安全与文明生产	8	环境整洁（是 □ 2分） 工具、仪表摆放整齐（是 □ 3分） 遵守安全规程（是 □ 3分）		

拓展提高　低压电器的选择

1. 空气开关的选择

空气开关一般按所用电器电流的 1.2 倍选择即可。比如 220V 电压时，某电器功率为 5000W，计算电流为 23A 左右，则 23A×1.2=27.6A，选择标准系列 30A 空气开关即可。

空气开关有两项重要的技术参数：脱扣电流（I_m）和额定电流（I_n）。脱扣电流是最大断开电流，即当配电线路中出现过载或短路后，空气开关发生脱扣（即跳闸）保护动作时的电流。额定电流是指空气开关能长期通过的电流，只要电路中的实际电流不超过这一电流值，就允许设备长期工作。

在实际应用中，为了保护供电线路，所用空气开关的脱扣电流必须小于供电线路允许通过的最大电流，同时其额定电流要等于或稍大于配电线路最大的正常工作电流。

2. 交流接触器的选择

接触器的选择需要根据以下内容来确定。

1）接触器级数与电流种类的确定。由主电路电流种类来决定选择直流接触器还是交流接触器。三相交流系统中一般选用三级接触器；当需要同时控制中性线时，则选用四级交流接触器；单相交流和直流系统中常选用两级或三级并联；一般场合选用电磁式接触器；易燃易爆场合应选用防爆型及真空接触器。

2）根据接触器所控制的负载的类型选择相应类别的接触器。如负载是一般任务则选用 AC3 类别；负为重任务则应选用 AC4 类别；如负载是一般任务与重任务混合时，则可根据实际情况选用 AC3 或 AC4 类接触器；如选用 AC3 类别时，应降级使用。

3）根据负载功率和操作情况来确定接触器主触头的电流等级。当接触器使用类别与所控制负载的工作任务相对应时，一般按控制负载电流值来决定接触器主触头的额定电流值；若不对应，应降低接触器主触头电流等级使用。

4）根据接触器主触头接通与分断主电路电压等级来决定接触器的额定电压。

5）接触器吸引线圈的额定电压应由所连接的控制电路确定。

6）接触器的触头数（主触头和辅助触头）和种类（常开或常闭）应满足主电路和控制电路的要求。

3. 热继电器的选择

通常选择时应按电动机形式、工作环境、启动情况及负荷情况等几方面综合加以考虑。

1）原则上热继电器的额定电流应按电动机的额定电流选择。对于过载能力较差的电动机，其配用的热继电器（主要是发热元件）的额定电流可适当小些。通常，选取热继电器的额定电流（实际上是选择发热元件的额定电流）为电动机额定电流的60% ~ 80%。

2）在不频繁启动场合，要保证热继电器在电动机的启动过程中不产生误动作。通常，当电动机启动电流为其额定电流6倍以及启动时间不超过6s时，若很少连续启动，就可按电动机的额定电流选择热继电器。

3）当电动机为重复短时工作时，首先注意确定热继电器的允许操作频率。因为热继电器的操作频率是很有限的，如果用它保护操作频率较高的电动机，效果很不理想，有时甚至不能使用。

4）在三相异步电动机电路中，对定子绕组为 Y 形连接的电动机应选用两相或三相结构的热继电器；定子绕组为 △ 形连接的电动机必须采用带断相保护的热继电器。

4. 按钮的选择

选用按钮时，主要考虑以下几个因素。

1）根据使用场合选择控制按钮的种类。

2）根据用途选择合适的形式。

3）根据控制回路的需要确定按钮数。

4）按工作状态指示和工作情况要求选择按钮和指示灯的颜色（红色常表示停止或急停，绿色常表示启动）。

检测与反思

基础题

1. 填空题

（1）熔断器主要起_____作用，由熔体和安装熔体的熔管两部分组成。

（2）RST 为_____指令，强制操作元件置"0"，具有自保持功能。RST 指令除了可以对位元件进行置"0"操作外，还可以对字元件进行_____操作，即把字元件数值变为_____。

（3）在实际使用时，尽量不要对同一位元件进行 SET 和 OUT 操作。因为这样做，虽然不是双线圈输出，但如果 OUT 的驱动条件断开时，SET 的操作不具有_____功能。

2. 判断题

（1）熔断器的熔体材料，一种由铅锡合金和锌等低熔点金属制成，多用于小电流电路；另一种由银、铜等较高熔点的金属制成，多用于大电流电路。　　（　　）

（2）接触器是一种用来自动接通或断开大电流电路的电器，它可以频繁地接通或分断交直流负载电路，但不能实现中远距离控制。　　（　　）

（3）控制按钮简称按钮，是一种结构简单、使用广泛的手动控制型主令电器，它可以与接触器或继电器配合，在控制电路中对电动机实现远距离自动控制。　　（　　）

（4）对于同一操作元件可以多次使用 SET、RST 指令，顺序可任意，但以第一条执行的指令为有效。　　（　　）

3. 选择题

（1）下列不属于热继电器组成的是（　　）。
　　A．热元件　　　B．双金属片　　　C．线圈　　　D．触头

（2）常开触点并联连接的指令是（　　）。
　　A．OR　　　B．ORI　　　C．AND　　　D．ANI

（3）常闭触点串联连接的指令是（　　）。
　　A．OR　　　B．ORI　　　C．AND　　　D．ANI

（4）单个常闭触点与前面的触点进行并联连接的指令是（　　）。
　　A．AND　　　B．OR　　　C．ANI　　　D．OUT

（5）单个常开触点与前面的触点进行串联连接的指令是（　　）。
　　A．AND　　　B．OR　　　C．ANI　　　D．OUT

（6）SET 指令为置位指令，强制操作元件置"1"，并具有自保持功能，即驱动条件断开后，操作元件仍维持接通状态。该指令不能执行的软元件是（　　）。
　　A．Y　　　B．M　　　C．S　　　D．T

（7）表示逻辑块与逻辑块之间并联的指令是（　　）。
　　A．AND　　　B．ORB　　　C．ANI　　　D．OUT

提高题

1. 选择题

（1）采用 PLC 手持编程器对用户程序进行编制，通常采用（　　　）编程语言。

    A．指令表语言（IL）   B．梯形图语言（LD）

    C．功能模块图语言（FBD）   D．结构化文本语言（ST）

    E．顺序功能流程图语言（SFC）

（2）（　　　）编程语言是与继电器线路类似的一种编程语言。

    A．指令表语言（IL）   B．梯形图语言（LD）

    C．功能模块图语言（FBD）   D．结构化文本语言（ST）

    E．顺序功能流程图语言（SFC）

（3）（　　　）编程语言是为了满足顺序逻辑控制而设计的编程语言。

    A．指令表语言（IL）   B．梯形图语言（LD）

    C．功能模块图语言（FBD）   D．结构化文本语言（ST）

    E．顺序功能流程图语言（SFC）

（4）（　　　）编程语言是用结构化的描述文本来描述程序的一种编程语言。主要用于其他编程语言较难实现的用户程序编制。

    A．指令表语言（IL）   B．梯形图语言（LD）

    C．功能模块图语言（FBD）   D．结构化文本语言（ST）

    E．顺序功能流程图语言（SFC）

（5）下列 PLC 输入、输出标号不正确的是（　　　）。

    A．X002   B．X008   C．X021   C．Y005

2. 判断题

（1）PLC 的输入接口由外部 DV 24V 电源供电，外部连接各种开关信号，内部连接输入继电器 X 的线圈，仅显示其触点。（　　　）

（2）PLC 内部所有软件中，只有输入继电器 X 线圈受外部触点驱动，其他任何软元件都不受外部触点控制。（　　　）

（3）输入继电器 X 的线圈不仅受外部所连接信号开关的控制，也受内部程序的控制。（　　　）

（4）输入继电器 X 如采用信号开关的常闭触点，则初始状态下内部输入继电器的

触点为"动作状态"，与梯形图显示的触点相反，分析梯形图时需特别注意。　　（　　）

（5）PLC输出端外部所连接的输出执行部件，仅受内部输出继电器 Y 的常闭输出
触点控制。　　　　　　　　　　　　　　　　　　　　　　　　　　　　　（　　）

（6）输出执行部件是否受电，与对应的输出继电器 Y 的线圈是否受电一致。（　　）

3. 简答题

（1）简述如何选择PLC。

（2）简述 PLC 输出类型及各种类型适用的负载。

拓展题

1. 简答题

你已学过的普通单触点指令有哪些？请列出它们的名称、指令符号、梯形图符号
和相应的功能。

2. 分析题

（1）分析以下梯形图，哪个梯形图具有点动功能？哪个梯形图具有长动功能？点
动功能是由哪个触点实现的？长动功能是由哪个触点实现的？

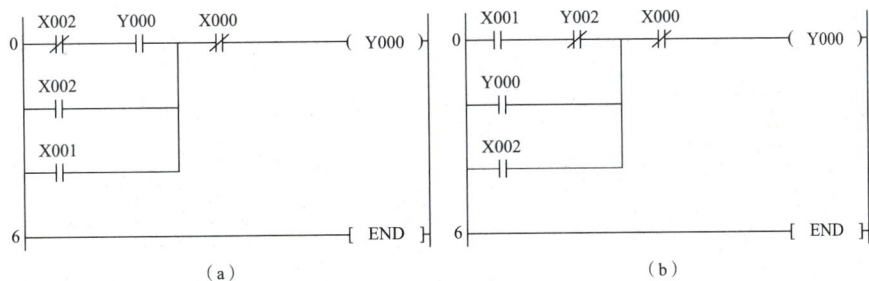

梯形图

（2）下图所示是将输入信号全部采用常开输入方式的梯形图程序。如果将所有的
输入端改为常闭接法，在不改变原有控制功能的情况下，如何修改梯形图程序？并画
出修改后的梯形图程序。

```
    X002
  ───┤├──────────────────────────────────────────────( M0 )
    X003   X000
  ───┤├────┤/├───────────────────────────────────────[SET    M1 ]
    X001
  ───┤├──┐
    X000 │
  ───┤├──┘─────────────────────────────────────────────[RST    M1 ]
    M0
  ───┤├──┐
    M1   │
  ───┤├──┘─────────────────────────────────────────────( Y000 )
  ──────────────────────────────────────────────────────[ END ]
```

梯形图程序

项目 3　电动机的正反转 PLC 控制

📁 教学目标

素质目标

1．通过对电气控制元件介绍、安装接线、PLC 控制指令、程序逻辑的设计分析，使学生学会用哲学思维看待、处理专业技术问题。

2．掌握正确的 PLC 课程学习方法和思维方法，培养学生的逻辑思维、辩证思维能力，促进身心和人格健康发展。

3．培养学生养成良好的操作习惯，苦练技能，逐渐形成工匠精神。

知识目标

1．了解 PLC 定时器的使用方法。

2．理解三相异步电动机正反转控制原理。

3．掌握正反转控制梯形图。

能力目标

1．能熟练进行电动机正反转控制 PLC 编程。

2．能熟练分析电动机正反转控制 PLC 梯形图程序。

3．能实现 PLC 编程控制电动机正反转。

⚙ 项目描述

电气控制技术的发展变化是非常快的，技术改造有利于解决传统控制的缺点。本项目通过应用 PLC 来改造传统继电器控制的三相异步电动机正反转控制电路，提高学习者对电动机正反转控制理论的理解以及 PLC 程序的设计与调试能力。

在传统的继电器控制系统中，要实现电动机的直接正反转控制，需要用按钮、接触器互锁，接线比较复杂，而且容易出故障，而使用 PLC 控制电动机正反转能简化硬件接线，降低成本，提高控制的可靠性。本项目要求设计一般电动机正反转 PLC 控制电路，能够满足按下按钮 SB1 实现电动机正转，按下按钮 SB2 实现电动机反转，按下按钮 SB3 实现电动机停止的功能。

工作现场提供了控制器件、安装基板、连接导线、安装工具。按图示原理图在基板上合理布局器件，根据原理图连线，再进行线路检测，最后设计程序并下载，通过 PLC 进行调试运行。

⊕ 项目准备

为完成本项目的任务，需要准备如表 3-1 所示的工具、仪表及材料。

表 3-1   任务准备清单

名称	型号/规格	数量	备注	实物图
可编程逻辑控制器	三菱 FX$_{2N}$-48MR	1 台	含继电器输出模块	
交流接触器	CJX2	2 个	—	
空气开关	DZ47LE-C32	1 个	可代替熔断器	
控制按钮	自恢复	3 个	3 个独立按钮	
端子排	—	1 个	—	
热继电器	JR28-25	1 个	—	
三相电动机	200W	1 台	—	
电源导线	单芯、多芯	若干	多颜色备用	
电工工具套装	—	1 套	包含万用表、螺丝刀、剥线钳等常用电工工具	
计算机	台式机、笔记本均可	1 台	安装好三菱编程软件	
数据线	三菱 PLC 专用通信线	1 根	能连接计算机和三菱 PLC 实现通信	

工作流程图如图 3-1 所示，根据任务要求设计电路原理图，包括主电路原理图及 PLC 接线图；参照梯形图进行 PLC 编程；按 PLC 接线图和主电路接线图进行接线并通电调试。

电路原理图设计 ⇒ PLC程序设计 ⇒ 电动机正反转电路安装 ⇒ 程序下载及调试

图 3-1   工作流程图

任务 3.1　设计电动机正反转PLC控制电路与程序

3.1.1　了解电动机的正反转控制原理

传统的三相电动机正反转控制电路图如图 3-2 所示，主要采用接触器、按钮实现电动机的正反转切换、自锁和互锁。

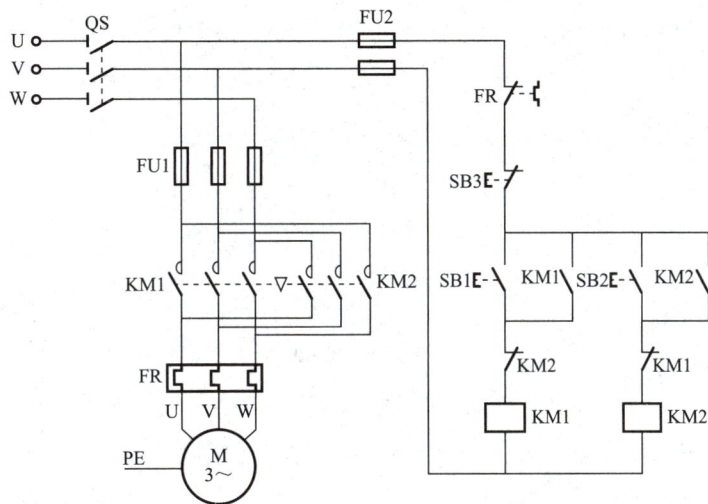

图 3-2　三相电动机正反转控制原理图

1. 自锁和互锁

交流接触器通过自身的常开辅助触头使线圈总是处于得电状态的现象叫作自锁，这个常开辅助触头就叫作自锁触头。

互锁即利用两个接触器的常闭辅助触点相互制约，以实现按下"正转"按钮使电动机正转时，另一个"反转"通路必须始终为断开状态，这样可以有效防止误动作导致两个线圈同时通电造成的机械故障或人身伤害事故。

2. 正反转控制原理

正反转控制原理分析过程如下。

1）闭合 QS。

2）正转：按下按钮SB1 → KM1线圈通电 $\begin{cases} \text{KM1主触点闭合} \longrightarrow \text{电动机正转} \\ \text{KM1常开触点闭合} \longrightarrow \text{形成自锁} \\ \text{KM1常闭触点断开} \longrightarrow \text{形成互锁} \end{cases}$

3）停止：按下按钮SB3 → KM1线圈通电 {
KM1主触点断开 → 电动机停转
KM1常开触点断开 → 自锁消失
KM1常闭触点闭合 → 互锁消失
}

4）反转：按下按钮SB2 → KM2线圈通电 {
KM2主触点闭合 → 电动机反转
KM2常开触点闭合 → 形成自锁
KM2常闭触点断开 → 形成互锁
}

5）停止：按下按钮SB3 → KM2线圈通电 {
KM2主触点断开 → 电动机停转
KM2常开触点断开 → 自锁消失
KM2常闭触点闭合 → 互锁消失
}

3.1.2 设计电动机正反转 PLC 控制电路

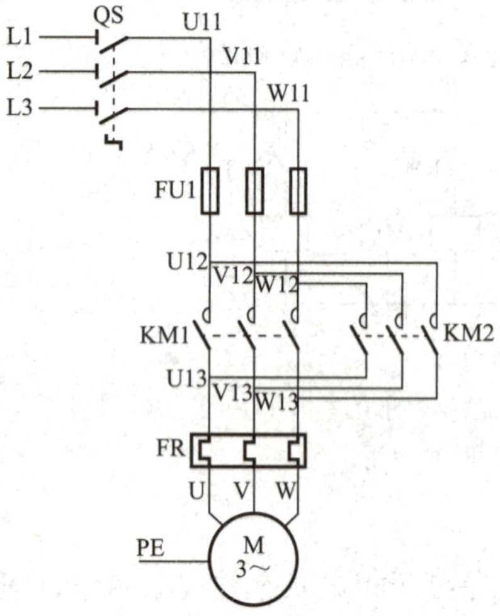

图 3-3　电动机正反转的主电路

1．设计主电路

实现电动机正反转的主电路如图 3-3 所示。电路中通过 KM1 和 KM2 相互配合切换相序以实现正反转。当 KM1 工作时，电动机正转；当 KM2 工作时，电动机反转。

2．确定 I/O 点总数及地址分配

对 PLC 的 I/O 端口做如下地址分配：正转按钮 SB1 连接 PLC 的 X000 端口，反转按钮 SB2 连接 PLC 的 X001 端口，停止按钮 SB3 连接 PLC 的 X002 端口，热继电器常开触点 FR 提供的过载信号连接 PLC 的 X003 端口。把 PLC 的扩展模块正转输出信号通过 Y040 端口连接接触器线圈 KM1，反转输出信号通过 Y041 端口连接接触器线圈 KM2。电动机正反转 PLC 控制电路的 I/O 地址分配表如表 3-2 所示。

表 3-2　电动机正反转控制电路 I/O 地址分配表

输入端（I）			输出端（O）		
序号	输入设备	端口编号	序号	输出设备	端口编号
1	正转按钮 SB1	X000	1	接触器 KM1	Y040
2	反转按钮 SB2	X001	2	接触器 KM2	Y041
3	停止按钮 SB3	X002			
4	热继电器 FR	X003			

3．设计 PLC 控制电路

根据以下控制要求，结合 I/O 地址分配表，设计如图 3-4 所示电动机正反转控制的 I/O 接线图。

1）按下按钮 SB1 电动机正转，按下按钮 SB3 电动机停止。

2）按下按钮 SB2 电动机反转，按下按钮 SB3 电动机停止。

3）用接触器 KM1 实现电动机正转，接触器 KM2 实现电动机反转。

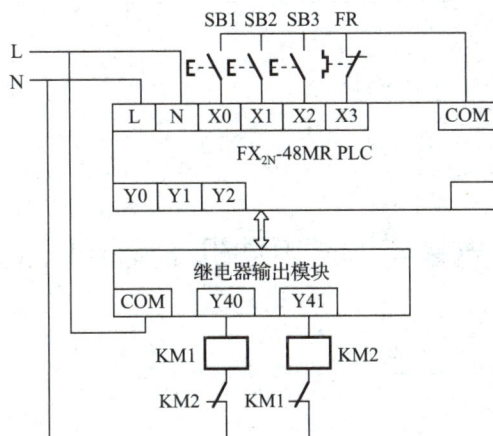

图 3-4　电动机正反转控制的 I/O 接线图

3.1.3　设计电动机正反转 PLC 控制程序

1．整理编程思路

1）用输入继电器 X000 的常开触点 X000 代表正转启动信号。用输入继电器 X001 的常开触点 X001 代表反转启动信号。用输入继电器 X002 的常闭触点 X002 代表停止信号。用输入继电器 X003 常闭触点 X003 代表过载信号。

2）用常开触点 X000 与常闭触点 X001、常闭触点 X002、常闭触点 X003、常闭触点 Y041 串联后驱动输出继电器 Y040。用常开触点 Y040 与常开触点 X000 并联自锁。

3）用常开触点 X001 与常闭触点 X000、常闭触点 X002、常闭触点 X003、常闭触点 Y040 串联后驱动输出继电器 Y041。用常开触点 Y041 与常开触点 X001 并联自锁。

2．设计梯形图程序

1）创建、保存一般电动机正反转 PLC 控制电路工程。在 GX Developer 软件编辑界面中创建一个新工程，命名为"一般电动机正反转 PLC 控制"，保存到 D:\MELSEC\GPPW 文件夹中。

2）编写梯形图。根据一般电动机正反转 PLC 控制电路的编程思路完成梯形图的编写与转换。一般电动机正反转 PLC 控制电路的梯形图和指令表如图 3-5 所示。

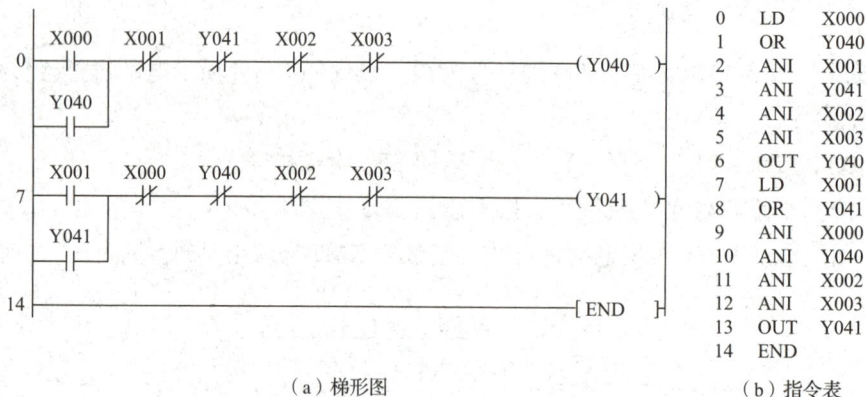

（a）梯形图　　　　　　　　　（b）指令表

图 3-5　电动机正反转 PLC 控制电路的梯形图和指令表

→ 任务 3.2　安装与调试电动机正反转 PLC 控制电路

3.2.1　安装电动机正反转 PLC 控制电路

1．安装器件

根据表 3-1 准备安装工具、导线和器件，再按照图 3-6 所示的布局安装好各器件。

2．连接主电路

根据图 3-2 所示的原理图实现本项目正反转控制主电路线路的连接。完成后的接线实物图如图 3-7 所示。

图 3-6　工具材料及器件

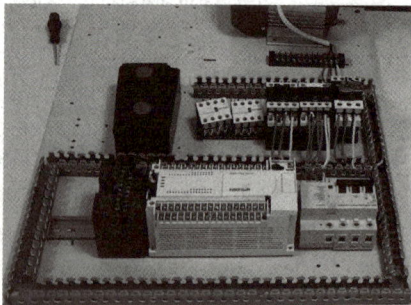

图 3-7　主电路接线实物图

3．连接控制电路

根据图 3-4 I/O 接线图实现本项目正反转控制线路的连接。完成后的接线实物图如图 3-8 所示。

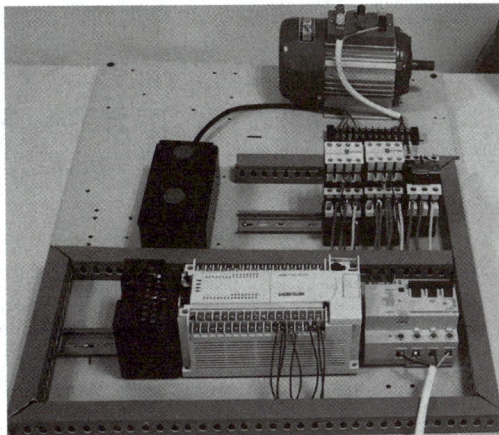

图 3-8　控制电路及主电路接线实物图

3.2.2　调试电动机正反转 PLC 控制电路

1. 检查梯形图程序

选择"工具"→"程序检查"命令,弹出"程序检查"对话框,单击对话框中的"执行"按钮,对程序进行检查,检查完毕后在"程序检查"对话框的空白处会显示"MAIN　没有错误。"的信息。

2. 测试梯形图程序的逻辑功能

（1）启动仿真程序

选择"工具"→"梯形图逻辑测试启动"命令,启动仿真程序,进入程序仿真调试状态。

（2）仿真调试

1）模拟按下正转按钮 SB1。选择"在线"→"调试"→"软元件测试"命令,弹出"软元件测试"对话框,在"软元件测试"对话框中的"位软元件"区域输入"X000",单击"强制 ON"按钮,在梯形图程序中常开触点 X000 变为蓝色的闭合状态,输出继电器 Y040 得电,电动机正转。在"软元件测试"对话框中的"位软元件"区域输入"X000",单击"强制 OFF"按钮,输出继电器 Y040 保持得电状态,电动机继续正转。

2）模拟按下反转按钮 SB2。在"软元件测试"对话框中的"位软元件"区域输入"X001",单击"强制 ON"按钮,在梯形图程序中常开触点 X001 变为蓝色的闭合状态,输出继电器 Y041 得电,电动机反转。在"软元件测试"对话框中的"位软元件"区域输入"X001",单击"强制 OFF"按钮,输出继电器 Y041 保持得电状态,电动机继续反转。

3）模拟按下停止按钮 SB3。在"软元件测试"对话框中的"位软元件"区域输入"X002",单击"强制 ON"按钮,在梯形图程序中常闭触点 X002 变为白色的断开状态,切断输出继电器 Y040、Y041 的线圈回路,电动机停止运转。

3．调试与运行

下载正反转程序，在编程界面中单击"监视"按钮后，先按下按钮 SB1，电动机正转，再按下按钮 SB3，电动机停转；若按下按钮 SB2 电动机反转，再按下按钮 SB3，电动机停转。电动机正、反转监视结果分别如图 3-9 和图 3-10 所示。即正、反转控制程序运行正常，成功地实现了电动机正反转控制。

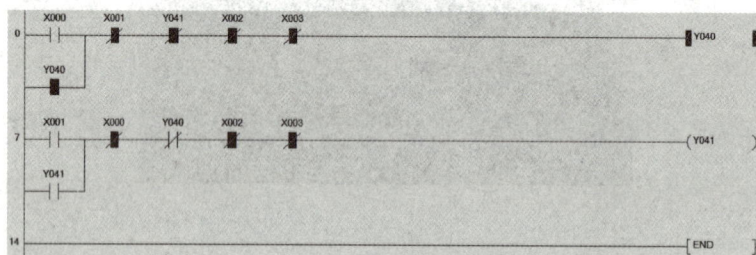

图 3-9　电动机正转程序监视

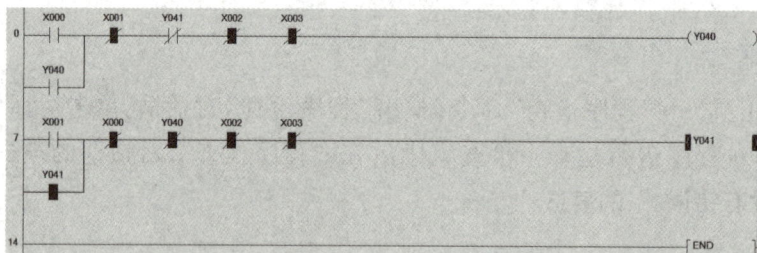

图 3-10　电动机反转程序监视

📄 项目评价

项目评价由三部分组成，即学生自评、小组评价和教师评价。

项目检查与评价

序号	评价内容	配分	评价标准	学生评价	教师评价
1	实训器材准备	5	（1）工具准备完整性（是 □ 2 分） （2）设备、仪表、材料准备完整性（是 □ 3 分）		
2	设计电动机正反转 PLC 控制电路	15	（1）设计主电路（是 □ 5 分） （2）确定 I/O 总点数及地址分配（是 □ 5 分） （3）设计 PLC 硬件接线图（是 □ 5 分）		
3	设计电动机正反转 PLC 控制程序	22	（1）启动 GX Develope（是 □ 3 分） （2）创建、保存新工程（是 □ 3 分） （3）编写正反转控制梯形图程序（是 □ 5 分） （4）变换程序（是 □ 3 分） （5）检查程序（是 □ 3 分） （6）梯形图逻辑测试（是 □ 5 分）		

序号	评价内容	配分	评价标准	学生评价	教师评价
4	安装电动机正反转PLC控制电路	25	（1）安装电工板器件（是 □ 5分） （2）连接主电路（是 □ 5分） （3）PLC供电电源接线（是 □ 5分） （4）PLC输入信号接线（是 □ 5分） （5）PLC输出信号接线（是 □ 5分）		
5	调试电动机正反转PLC控制电路	25	（1）连接PLC与计算机（是 □ 5分） （2）下载程序（是 □ 5分） （3）测试梯形图程序的逻辑功能（是 □ 5分） （4）空载调试（是 □ 5分） （5）系统调试（是 □ 5分）		
6	安全与文明生产	8	（1）环境整洁（是 □ 2分） （2）工具、仪表摆放整齐（是 □ 3分） （3）遵守安全规程（是 □ 3分）		

拓展提高　设计、安装与调试电动机自动延时切换正反转 PLC 控制电路

要求在一般电动机正反转 PLC 控制的基础上增加自动延时切换正反转的功能。要求按下正转按钮后，电动机正转运行 3min，接着电动机自动反转运行 5min，然后自动切换为正转运行 3min，并一直循环正反转切换运行，直到按下停止按钮，电动机才停止运转；如果先按下反转按钮则电动机先反转运行 5min，然后自动切换为正转运行 3min，再自动切换为反转运行 5min，并一直循环正反转运行，直到按下停止按钮，电动机才停止运转。

1．分析控制要求

按下按钮 SB1，电动机正转，运行 3min 后，电动机自动反转运行 5min，然后电动机自动切换为正转运行 3min，并依次循环正反转运行。

按下按钮 SB2，电动机反转，运行 5min 后，电动机自动切换为正转运行 3min，然后电动机自动切换为反转运行 5min，并依次循环正反转运行。

按下停止按钮，电动机停止运行。

用接触器 KM1 控制电动机正转，接触器 KM2 控制电动机反转。

2．分配 I/O 地址

正转按钮 SB1 连接 PLC 的 X000 端口，反转按钮 SB2 连接 PLC 的 X001 端口，停止按钮 SB3 连接 PLC 的 X002 端口，热继电器常闭触点 FR 提供的过载信号连接 PLC 的 X003 端口。把 PLC 的正转输出信号通过 Y040 端口连接接触器线圈 KM1，反转输

出信号通过 Y041 端口连接接触器线圈 KM2。

3. 设计电动机自动延时切换正反转 PLC 控制电路

用接触器 KM1 的主触点控制电动机正转，用接触器 KM2 的主触点控制电动机反转。设计的电动机自动延时切换正反转 PLC 控制电路的主电路如图 3-11（a）所示。根据 I/O 地址分配，设计电动机自动延时切换正反转 PLC 的控制电路如图 3-11（b）所示。

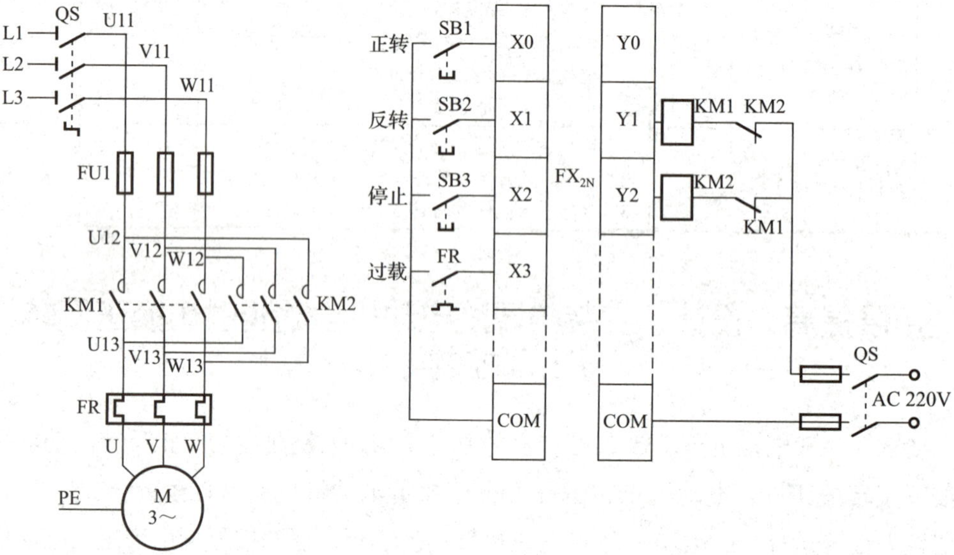

（a）主电路　　　　　　　　（b）控制电路

图 3-11　设计电动机自动延时切换正反转 PLC 控制电路

4. 设计电动机自动延时切换正反转 PLC 控制电路的梯形图程序

（1）编程思路

用输入继电器 X000 的常开触点 X000 代表正转启动信号。用输入继电器 X001 的常开触点 X001 代表反转启动信号。用输入继电器 X002 的常闭触点 X002 代表停止信号。用输入继电器 X003 常闭触点 X003 代表过载信号。用定时器 T1 来设定正转的延时时间，用定时器 T2 来设定反转的延时时间。把定时器 T1 的定时值设置为 1800，用于控制电动机正转时间 3min；把定时器 T2 的定时值设置为 3000，用于控制电动机反转时间 5min。

用常开触点 X000 与常闭触点 X001、常闭触点 X002、常闭触点 X003 串联后驱动输出继电器 Y040 与定时器 T1。用常开触点 Y040 与常开触点 X000 并联自锁。

用定时器 T1 常闭触点 T001 与常开触点 X000 串联切断正转回路。用定时器 T1 常开触点 T001 与常开触点 X001 并联完成自动反转切换。

用常开触点 X001 与常闭触点 X000、常闭触点 X002、常闭触点 X003 串联后驱动输出继电器 Y041 与定时器 T2。用常开触点 Y041 与常开触点 X001 并联自锁。

用定时器 T2 常闭触点 T002 与常开触点 X001 串联切断反转回路。用定时器 T2 常开触点 T002 与常开触点 X000 并联完成自动正转切换。

（2）编写梯形图程序

创建、保存电动机自动延时切换正反转 PLC 控制电路工程。在 GX Developer 软件编辑界面中创建一个新工程，命名为"电动机自动延时切换正反转 PLC 控制电路"，保存在 D:\MELSEC\GPPW 文件夹中。

根据设计电动机自动延时切换正反转 PLC 控制电路的编程思路完成梯形图的编写与转换。电动机自动延时切换正反转 PLC 控制电路的梯形图如图 3-12（a）所示。

（3）将梯形图转换为指令表

单击工具栏中的"梯形图 / 列表显示"切换按钮，将梯形图转换为指令表。电动机自动延时切换正反转 PLC 控制电路的指令表如图 3-12（b）所示。

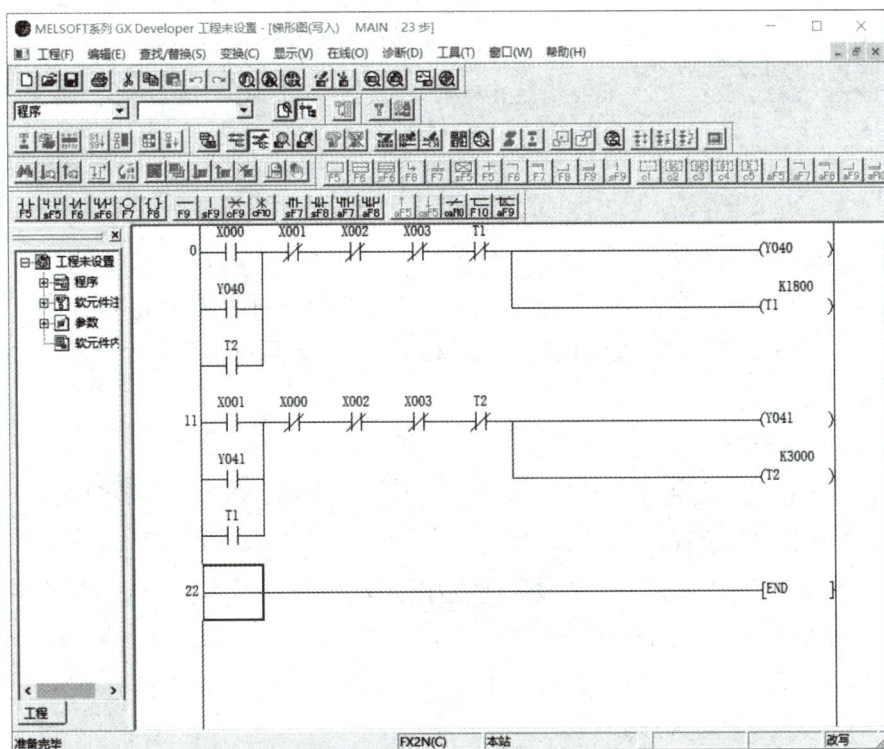

（a）梯形图

图 3-12　电动机自动延时切换正反转 PLC 控制电路的梯形图和指令表

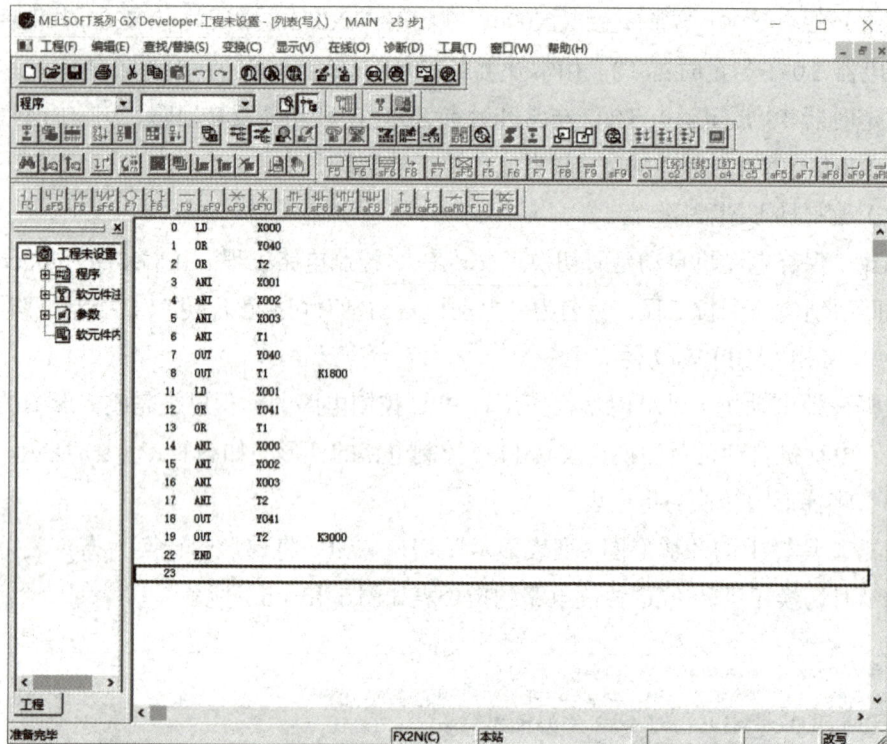

（b）指令表

图 3-12（续）

（4）检查梯形图程序

选择"工具"→"程序检查"命令，弹出"程序检查"对话框，单击对话框中的"执行"按钮，对程序进行检查，检查完毕后在"程序检查"对话框的空白处会显示"MAIN 没有错误。"的信息。

（5）运行与调试

根据图 3-11 连接好的主电路和控制电路，检查无误后，将程序下载到 PLC 中，运行程序，并观察控制过程。

检测与反思

基础题

1. 填空题

（1）三相异步电动机主要由_____和_____两个基本部分组成。

（2）定子是用来产生旋转磁场的。定子主要由定子铁心、_____和机座三部分组成。

（3）任意改变三相定子绕组的相序就能改变旋转磁场的_____。

2. 判断题

（1）开关电器在所有电路都可直接接负载。（　　）

（2）热继电器在电路中既可作短路保护，又可作过载保护。（　　）

（3）时间继电器之所以能够延时，是因为线圈可以通电晚一些。（　　）

3. 选择题

（1）熔断器的作用是（　　）。

    A．控制行程   B．控制速度

    C．短路或严重过载保护   D．弱磁保护

（2）接触器的型号为CJ10-160，其额定电流是（　　）。

    A．10A   B．160A   C．10～160A   D．大于160A

（3）三相异步电动机在运行时出现一相电源断电，这对电动机带来的影响主要是（　　）。

    A．电动机立即停转   B．电动机转速降低、温度升高

    C．电动机出现振动及异声   D．电动机反转

提高题

1. 填空题

（1）三相异步电动机转子的旋转方向与_____的方向一致。

（2）磁场的旋转方向是由_____电流的相序所决定的。

（3）任意交换定子绕组的两根电源线就能改变_____的旋转方向，从而改变电动机的转向。

（4）控制三相异步电动机正反转的正、反向接触器同时通电会造成_____故障。

2. 判断题

（1）在正反转电路中，用复合按钮能够保证实现可靠联锁。（　　）

（2）电动机正反转控制电路为了保证启动和运行的安全性，要采取电气上的互锁控制。（　　）

3. 选择题

（1）下列控制电路能正常工作的是（　　　）。

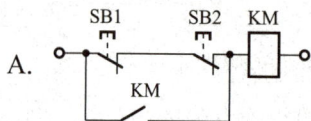

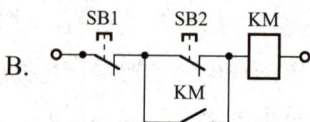

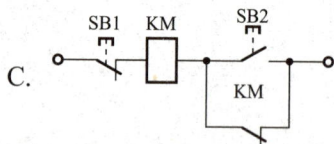

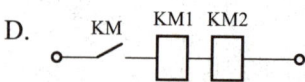

（2）用来表明电动机、电器实际位置的图是（　　　）。

  A. 电气原理图   B. 电器布置图

  C. 功能图   D. 电气系统图

（3）电动机正反转运行中的两接触器必须实现相互间（　　　）。

  A. 联锁   B. 自锁   C. 禁止   D. 记忆

拓展题

1. 填空题

（1）定时器常用的定时单位有_____、_____、_____三种。

（2）普通定时器线圈被驱动后，定时器对 PLC 内的时钟脉冲进行累积计时，当定时器的当前值与设定值_____时，定时器触点动作。

（3）普通定时器线圈失电后，累计值_____，其触点复位。

2. 设计题

（1）用简单设计法设计一个对锅炉鼓风机和引风机控制的梯形图程序。控制要求：①开机前首先启动引风机，10s 后自动启动鼓风机；②停止时，立即关断鼓风机，经 20s 后自动关断引风机。

（2）试设计一个控制一台电动机的电路，要求：①可正转、反转；②正、反向点动；③具有短路和过载保护。

模块 2
PLC在生活中的典型应用

模块概述

随着科学技术水平的不断提高和完善，自动化技术在人们日常生活中的应用越来越广泛. 电气和人们的日常生活，社会生产具有紧密联系，在社会生产中发挥着非常重要的作用，PLC技术出现在电气自动控制中具有极其重要的意义，PLC具有可靠性高，灵活性强，使用方便等特点，通过前面对PLC基础的学习，大家对PLC的结构及工作原理有了一定的了解，下面仅以生活中常见的十字交通灯、抢答器为例来介绍PLC技术在生活中的应用。

项目 4　交通灯的 PLC 控制

教学目标

素质目标

1. 通过学生实践能力的阶梯式学习，提升学生的 PLC 工程应用能力和技术创新能力。
2. 强化学生安全意识、责任意识、规则意识，培养学生的"工匠精神"、职业素养和职业能力。

知识目标

1. 认识定时器。
2. 掌握定时器类型及参数设置。
3. 双线圈问题的解决方法。

能力目标

1. 能正确利用定时器编写交通灯的 PLC 程序。
2. 能正确设计和连接硬件线路。
3. 能根据程序进行调试。

项目描述

汽车数量的不断增加给交通管理带来了较大的困难，因此对十字路口交通灯的控制要求也越来越高。用 PLC 控制系统能准确地实现十字路口交通灯的控制。同时，优化系统程序，提高系统可靠性、稳定性对系统在安全方面有巨大意义。我们根据场地情况，现场提供了按钮模块（包含直流电源、两组红绿黄指示灯和按钮）、FX$_{2N}$-48MR 型 PLC 模块、电源模块、安全插线若干、装有三菱 GX8.86 软件台式计算机一台、万用表一块。根据图 4-1 所示的交通灯示意图进行 I/O 定义及编程设计，完成硬件接线，联机调试完成十字路口交通灯的控制。

任务内容：

1）按下启动按钮 SB1，系统开始工作，首先南北红灯亮 5s，同时东西绿灯常亮 5s 后熄灭。

2）南北红灯继续亮 3s，东西黄灯以 1s 为周期闪烁 3 次后熄灭。

图 4-1　十字路口交通灯示意图

3）东西红灯亮 5s，同时南北绿灯常亮 5s 后熄灭。

4）东西红灯继续亮 3s，南北黄灯以 1s 为周期闪烁 3 次后熄灭。

5）然后循环直到按下停止按钮后停止工作。

项目准备

为完成本项目的任务，需要准备如表 4-1 所示的工具、仪表及材料。

表 4-1　任务准备清单

名称	型号/规格	数量	备注	实物图
可编程逻辑控制器	三菱 FX$_{2N}$-48MR	1 台	含继电器输出模块	
电源模块	—	1 套	—	
按钮模块	—	1 套	包含直流电源、指示灯、按钮、急停、蜂鸣器	
安全插线	—	若干	多颜色安全插线备用	
计算机	台式机、笔记本均可	1 台	装有三菱 GX8.86 软件	
电工工具套装	—	1 套	包含万用表、螺丝刀、剥线钳等常用电工工具	
数据线	三菱 PLC 专用通信线	1 根	能连接计算机和三菱 PLC 实现通信	

工作流程图如图 4-2 所示，根据任务要求设计电路原理图，包括主电路原理图及 PLC 接线图；参照梯形图进行 PLC 编程；按 PLC 接线图和主电路接线图进行接线并通电调试。

电路原理图设计 ⇒ PLC程序设计 ⇒ 交通灯的电路安装 ⇒ 程序下载及调试

图 4-2　工作流程图

项目实施

任务 4.1　设计交通灯的 PLC 控制电路

4.1.1　分析交通灯控制原理

对十字路口交通控制的任务分析，发现东西南北 4 个方向的指示灯逻辑性非常强。为了使编程设计条理更清晰，可以采用流水灯的编程方法进行设计。交通灯的工作原理就是利用红、绿、黄三种颜色灯的工作时间来指挥交通，并且程序要循环工作。交通灯可分为 4 种工作状态，如表 4-2 所示。

表 4-2　交通灯工作状态

工作状态	亮灯情况	PLC 输出	车辆通行情况
工作状态 1	南北红灯亮，东西绿灯亮（5s）	Y000、Y005	南北方向禁行，东西方向通行
工作状态 2	南北红灯亮，东西黄灯亮（3s）	Y000、Y004	换向等待
工作状态 3	东西红灯亮，南北绿灯亮（5s）	Y002、Y003	南北方向通行，东西方向禁行
工作状态 4	东西红灯亮，南北黄灯亮（3s）	Y001、Y003	换向等待

4.1.2　设计交通灯的 PLC 控制电路

十字路口交通控制一般分为南北向和东西向，由于同一方向上的红、绿、黄灯的工作状态是相同的，所以同一方向的红、绿、黄灯定义三个输出就可以满足任务需要。根据任务要求，PLC 的 I/O 地址分配表如表 4-3 所示。

表 4-3　十字路口交通灯控制电路 I/O 地址分配表

输入端（I）			输出端（O）		
序号	输入设备	端口编号	序号	输出设备	端口编号
1	启动按钮 SB1	X001	1	南北红灯	Y000
2	停止按钮 SB2	X002	2	南北黄灯	Y001
			3	南北绿灯	Y002
			4	东西红灯	Y003
			5	东西黄灯	Y004
			6	东西绿灯	Y005

根据控制要求，PLC 控制电路共有 2 个输入端和 6 个输出端。交通灯 PLC 控制电路的 I/O 接线图如图 4-3 所示。

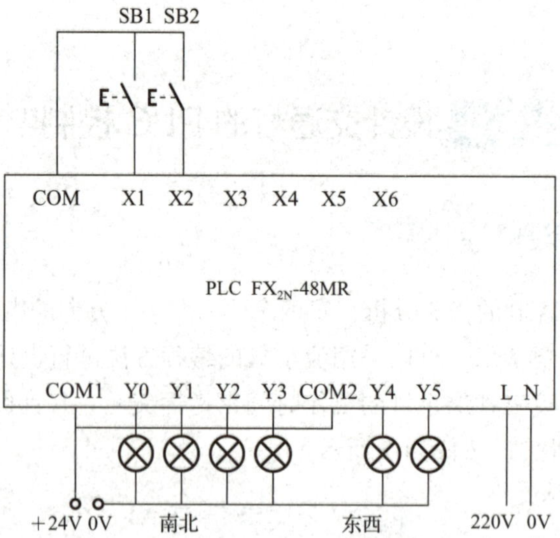

图 4-3 交通灯 PLC 控制电路的 I/O 接线图

任务 4.2 设计交通灯的 PLC 控制程序

4.2.1 相关知识介绍

1. 定时器

PLC 中的定时器（T）相当于继电器控制系统中的时间继电器，它可以提供无限对常开常闭触点。在 FX$_{2N}$ 系列中定时器实际是内部脉冲计数器，可对内部 1ms、10ms 和 100ms 时钟脉冲进行加计数，当达到用户设定值时，触点动作。设定值可用常数 K 或数据寄存器 D 的内容来设置。按定时器功能一般可分为通用型定时器和积算型定时器。

（1）通用型定时器

通用型定时器的特点是不具备断电的保持功能，即当输入电路断开或停电时定时器复位。在接通电路和来电时定时器从 0 开始重新计时。通用型定时器有 10ms 和 100ms 两种。通用型定时器范围（T0～T245）共 246 点。

100ms 通用型定时器 T0～T199 共 200 点，其中 T192～T199 为子程序和中断服务程序专用定时器，这类定时器是对 100ms 时钟累积计数，设定范围为 0.1～3276.7s。

10ms 通用型定时器 T200～T245 共 46 点，这类定时器是对 10ms 时钟累积计数，设定范围为 0.01～327.67s。

如图 4-4 所示，程序运行监控时 Y001 线圈通电常亮。当 X001 接通时，如果接通时间 t1 小于设定值时就断开 X001，定时器 T0 当前值变为 0；如果接通时间 t2 等于设定值 K50 时，定时器触点动作，常开触点 T0 闭合 Y000 通电，常闭触点 T0 断开 Y001 失电。定时时间为（所选定时器时钟脉冲 × 常数 K）=100ms×50=5000ms=5s。

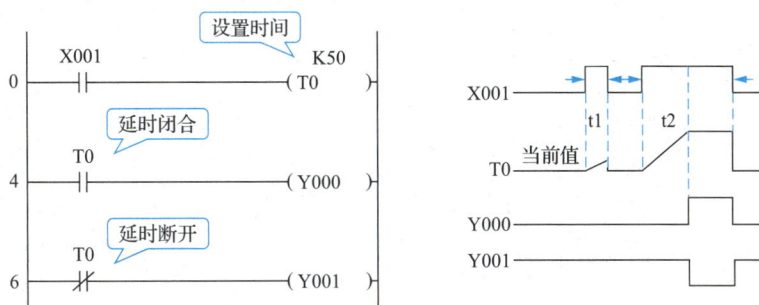

图 4-4　通用型定时器应用

（2）积算型定时器

积算型定时器（T246 ～ T255）具有计数累积的功能。在定时过程中如果断电或定时器线圈 OFF 时，积算型定时器将保持当前的计数值。通电或定时器线圈量"ON"后继续累积，即其当前值具有保持功能，只有将积算定时器复位，当前值才变为 0。

1ms 积算型定时器 T246 ～ T249 共 4 点，设定范围为 0.001 ～ 32.767s。

100ms 积算型定时器 T250 ～ T255 共 6 点，设定范围为 0.1 ～ 3276.7s。

如图 4-5 所示，当 X000 接通时，T253 当前值开始累积 100ms 的时钟脉冲个数。当 X000 经 t1 后断开，而 T253 尚未计时到设定值 K345，其当前值保留。当 X000 再次接通，T253 从保留的当前值开始继续累积，经过 t2 时间，当前值达到设定值 K345 时，定时器 T253 的常开触点闭合 Y000 才有输出。累积时间为 t1+t2=100ms×345=34500ms=34.5s。当 X001 接通，定时器才复位，当前值变为 0，触点也随之复位。

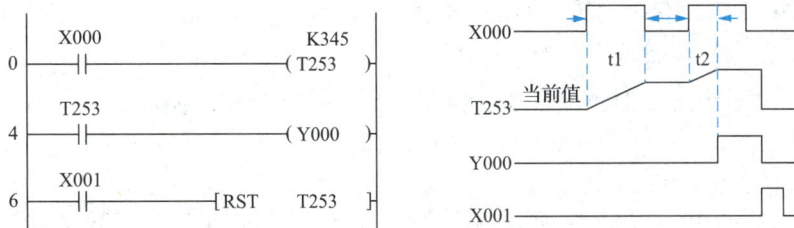

图 4-5　积算型定时器应用

2．双线圈解决方法

如图 4-6 所示，相同编号的软元件线圈在同一个梯形图中出现两次及以上称为双线圈，这种情况是不允许的（步进程序例外）。图 4-7 和图 4-8 提供了两种解决方法，其中图 4-8 所示方法应用更为广泛。

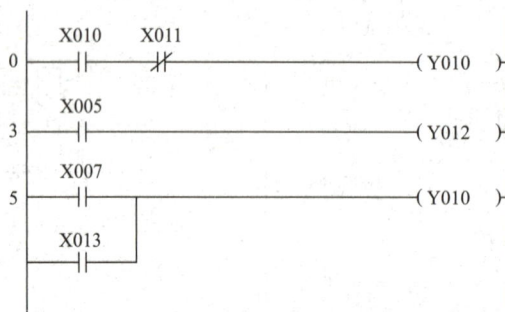

图 4-6　双线圈问题

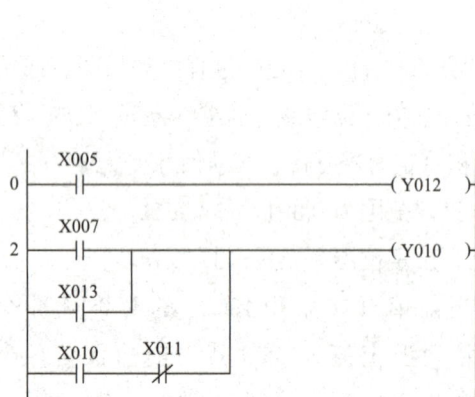

图 4-7　双线圈解决方法一　　　图 4-8　双线圈解决方法二

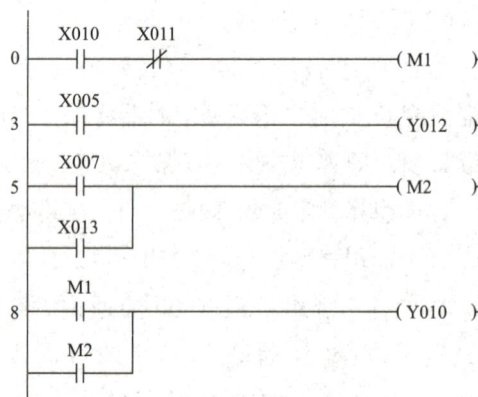

3．时钟脉冲特殊辅助继电器

1）M8011 为 10ms 时钟，自动闭合 5ms，断开 5ms 循环。

2）M8012 为 100ms 时钟，自动闭合 50ms，断开 50ms 循环。

3）M8013 为 1s 时钟，自动闭合 0.5s，断开 0.5s 循环。

4）M8014 为 1min 时钟，自动闭合 0.5min，断开 0.5min 循环。

4．多重输出电路指令

MPS/MRD/MPP 指令为多重输出指令，用于多重输出电路，无操作数，借用了堆栈的形式处理一些特殊程序。在 FX 系列 PLC 中有 11 个存储单元，它们专门用来存储程序运算的中间结果，被称为栈存储器。栈指令的助记符名称、功能及回路表示等如

表4-4所示。

表4-4 栈指令

助记符	名称	功能	回路表示	可用软元件	程序步
MPS	进栈	进栈			1
MRD	读栈	读栈		无	1
MPP	出栈	出栈			1

1）进栈指令MPS：将运算结果送入堆栈存储器的最上层，堆栈存储器原来存储的数据依次向下自动移一层。也就是说，使用MPS指令送入堆栈的数据始终在堆栈存储器的最上层。

2）读栈指令MRD：将堆栈存储器中最上层的数据（最后进栈的数据）读出，数据继续保存在栈存储器的第一层。执行MRD指令后，堆栈存储器中的数据不会发生任何变化。

3）出栈指令MPP：将堆栈存储器中最上层的数据（最后进栈的数据）取出，堆栈存储器原来存储的数据依次向上自动移一层。

栈指令的使用如图4-9所示为一层栈，进栈后的信息可无限使用，最后一次使用MPP指令弹出信号；图4-10所示为二层栈，它用了两个栈单元。

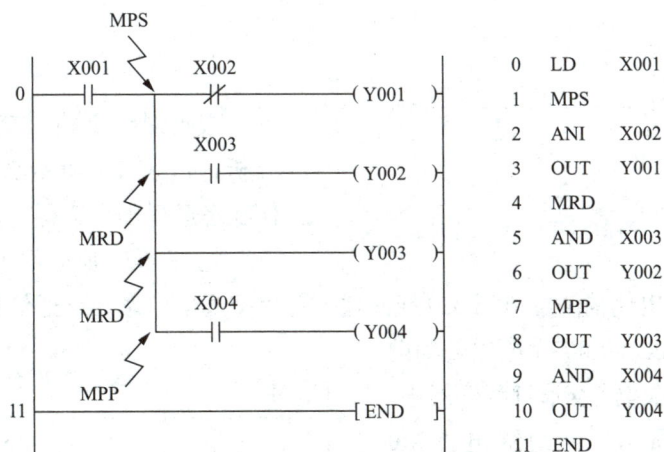

0	LD	X001
1	MPS	
2	ANI	X002
3	OUT	Y001
4	MRD	
5	AND	X003
6	OUT	Y002
7	MPP	
8	OUT	Y003
9	AND	X004
10	OUT	Y004
11	END	

图4-9 栈指令的应用（一层栈）

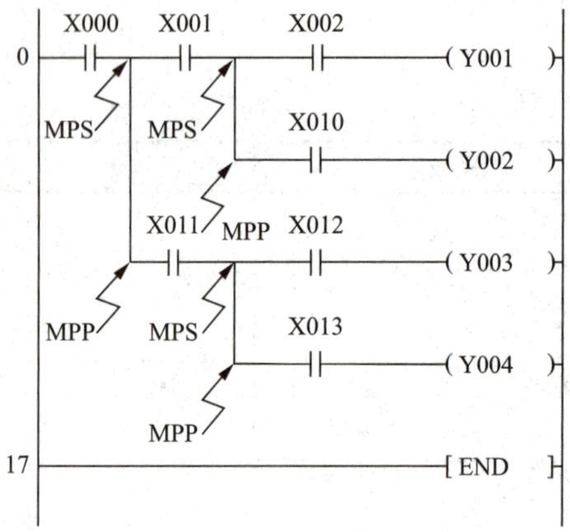

0	LD	X000	11	MPS	
1	MPS		12	AND	X012
2	AND	X001	13	OUT	Y003
3	MPS		14	MPP	
4	AND	X002	15	AND	X013
5	OUT	Y001	16	OUT	Y004
6	MPP		17	END	
7	AND	X010			
8	OUT	Y002			
9	MPP				
10	AND	X011			

图 4-10 栈指令的应用（二层栈）

导师说

栈指令的使用说明如下。

1）由于 MPS/MRD/MPP 三条指令只对堆栈存储器的数据进行操作，因此默认操作元件为堆栈存储器，在使用时无须指定操作元件。

2）使用时，MPS 和 MPP 必须配对使用，且连续使用次数应该少于 11 次。MRD 指令可根据实际情况决定是否使用。

4.2.2 设计交通灯的 PLC 控制程序

1. 编写梯形图程序

根据对十字路口交通控制的任务分析，由表 4-2 所示交通灯的 4 种工作状态进行程序编写。

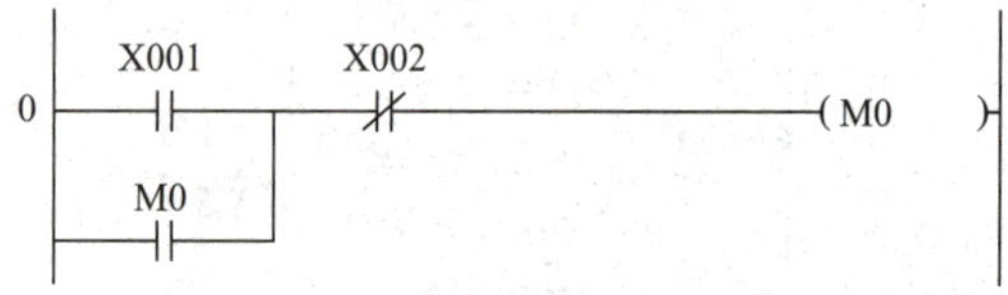

图 4-11 交通灯程序的启动停止

如图 4-11 所示，按下启动按钮 SB1（X001）通电使辅助继电器 M0 线圈通电并保持通电状态，交通灯程序开始运行。按下停止按钮 SB2（X002）断电使辅助继电器 M0 线圈失电，交通灯程序停止。

如图 4-12 所示，辅助继电器 M0 线圈通电时，定时器 T1 线圈通电开始计时 5s，同时南北向红灯 M1（为了避免双线圈出现，此处用 M1 表示 Y000）

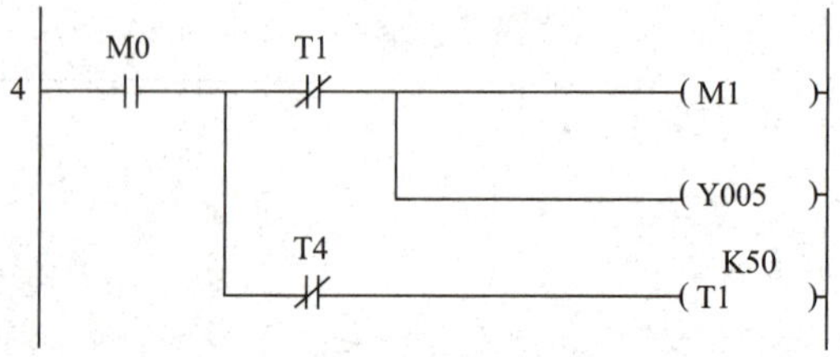

图 4-12 工作状态 1

和东西向绿灯 Y005 常亮，当 T1 计时到达设置时间 5s 时，T1 的常闭触点断开，使南北向红灯 M1 和东西向绿灯 Y005 熄灭。

如图 4-13 所示，T1 的常开触点闭合时，定时器 T2 线圈通电开始计时 3s，同时南北向红灯 M2 常亮（此处用 M2 表示 Y000），而东西向黄灯 Y004 前面有 M8013 特殊辅助继电器，所以东西向黄灯以 1s 为周期开始闪烁。当 T2 计时到达设置时间 3s

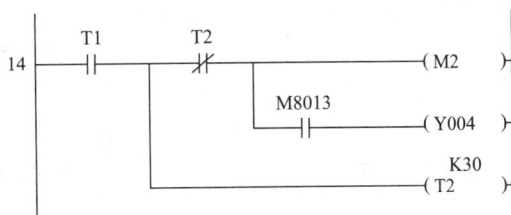

图 4-13　工作状态 2

时，T2 的常闭触点断开，使南北向红灯 M2 和东西向黄灯 Y004 熄灭。

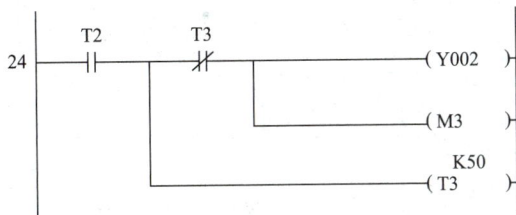

图 4-14　工作状态 3

如图 4-14 所示，T2 的常开触点闭合时，定时器 T3 线圈通电开始计时 5s，同时南北向绿灯 Y002 和东西向红灯 M3 常亮（此处用 M3 表示 Y003），当 T3 计时到达设置时间 5s 时，T3 的常闭触点断开，使南北向绿灯 Y002 和东西向红灯 M3 熄灭。

如图 4-15 所示，T3 的常开触点闭合时，定时器 T4 线圈通电开始计时 3s，而南北向黄灯 Y001 前面有 M8013 特殊辅助继电器，所以南北向黄灯以 1s 为周期开始闪烁。同时东西向红灯 M4 常亮（此处用 M4 表示 Y003），当 T4 计时到达设置时间 3s

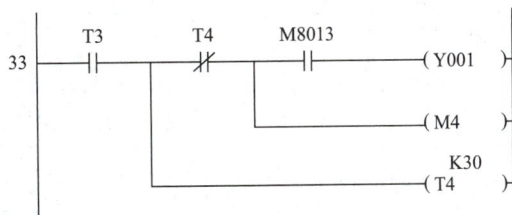

图 4-15　工作状态 4

时 T4 的常闭触点断开，使南北向黄灯 Y001 和东西向红灯 M4 熄灭。同时由于图 4-16 中的 T4 常闭触点断开，使 T1 线圈瞬间失电，导致 T2、T3、T4 的线圈均失电，由于 M0 线圈保持通电状态，使 T1 线圈重新通电计时，程序开始循环。在程序运行状态时，按下停止按钮 SB2（X002），使 M0 线圈失电，程序停止运行。

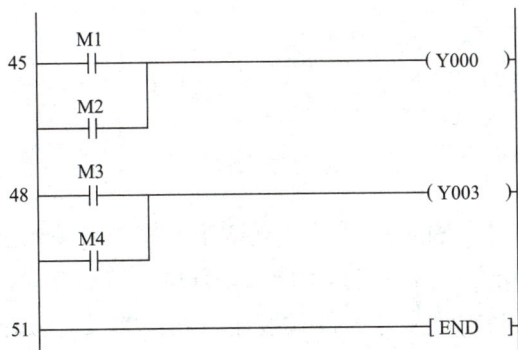

图 4-16　集中输出方式

为了避免双线圈出现，在图 4-12、图 4-13 中分别用 M1、M2 表示 Y000，在图 4-14、图 4-15 中分别用 M3、M4 表示 Y003，采用图 4-16 所示的集中输出方式解决出现双线圈问题。

2. 指令表

0	LD	X001		26	ANI	T3	
1	OR	M0		27	OUT	Y002	
2	ANI	X002		28	OUT	M3	
3	OUT	M0		29	MPP		
4	LD	M0		30	OUT	T3	K50
5	MPS			33	LD	T3	
6	ANI	T1		34	MPS		
7	OUT	M1		35	ANI	T4	
8	OUT	Y005		36	MPS		
9	MPP			37	AND	M8013	
10	ANI	T4		38	OUT	Y001	
11	OUT	T1	K50	39	MPP		
14	LD	T1		40	OUT	M4	
15	MPS			41	MPP		
16	ANI	T2		42	OUT	T4	K30
17	OUT	M2		45	LD	M1	
18	AND	M8013		46	OR	M2	
19	OUT	Y004		47	OUT	Y000	
20	MPP			48	LD	M3	
21	OUT	T2	K30	49	OR	M4	
24	LD	T2		50	OUT	Y003	
25	MPS			51	END		

▶任务 4.3　安装与调试交通灯的 PLC 控制电路

4.3.1　安装交通灯的 PLC 控制电路

1. 检查模块

（1）认识按钮模块

如图 4-17 所示，按钮模块中有 6 个按钮。图 4-17（a）中的 3 个按钮为自锁式按钮，功能为按下按钮后触点动作并自锁，松开按钮后按钮不能自动复位，需要再按一次才能让触点复位；图 4-17（b）中的 3 个按钮为自复位式按钮，功能为按下按钮触点动作，松开按钮触点复位；图 4-17（c）中为两组直流电源，分别为 24V 和 12V；

图 4-17（d）中为两组红、绿、黄灯，共 6 个灯。

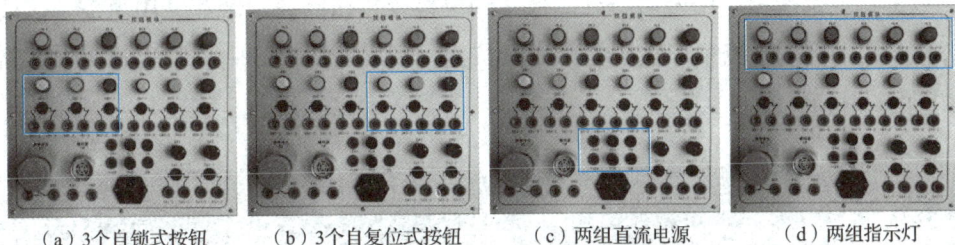

(a) 3个自锁式按钮　　(b) 3个自复位式按钮　　(c) 两组直流电源　　(d) 两组指示灯

图 4-17　按钮模块

（2）检查直流电源

如图 4-18 所示，用万用表直流电压挡对按钮模块的直流电源进行测量，测量值分别为 24V 和 12V 时，说明电源正常。如果测量值为零，则检查该电源的 FU 中的保险管是否损坏，如损坏更换即可。

图 4-18　检查电源

（3）检查指示灯

如图 4-19 所示，可以利用电源模块的直流 24V 电源给指示灯通电检查，观察指示灯的状态，如不亮则更换指示灯。

（4）检查按钮

模块提供的按钮分为自复位式按钮和自锁式按钮。

对于自复位式按钮，如图 4-20 所示，用万用表的二极管挡位检查按钮的各个触点，用手按住按钮和手松开按钮，观察万用表蜂鸣器是否鸣叫

图 4-19　检查指示灯

来判断按钮触点的好坏。

对于自锁式按钮，用万用表的二极管挡位检查按钮的各个触点，用手按一次按钮再松开按钮，再用手按第二次按钮再松开按钮，观察万用表蜂鸣器是否鸣叫来判断按钮触点的好坏。

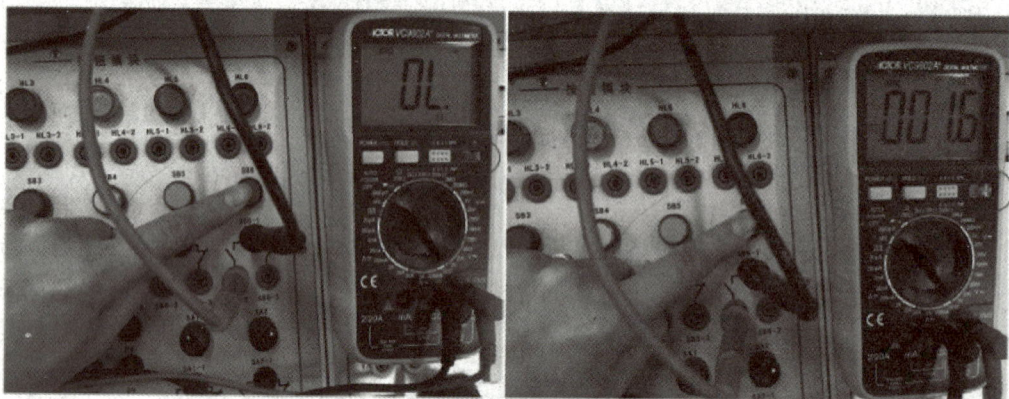

图 4-20　检查按钮

2. 连接电路

第一步：用黑色短线将 6 个灯的其中一个接线端串联起来连接到（24V 直流电源）的 0V 端，如图 4-21 所示。

第二步：用红色短线将（24V 直流电源）的 24V 端连接到 PLC 模块的 COM1 和 COM2 上，如图 4-22 所示。

图 4-21　电源 0V 端接线

图 4-22　电源 24V 端接线

第三步：用黄色长线按照 I/O 分配表的地址，将 6 个灯的另一个接线端分别连接到 PLC 模块的相应输出端口，如图 4-23 所示。

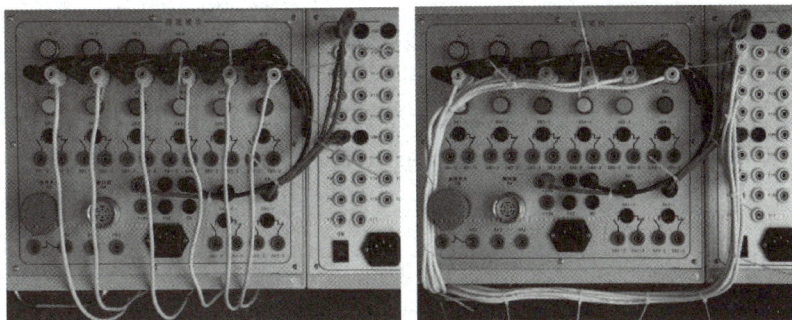

图 4-23　PLC 输出端接线

第四步：用黑色长线将按钮的 COM 端连接到 PLC 模块输入继电器 X 的 COM 端口。用绿色长导线将按钮的常开触点端口按照 I/O 分配表的地址连接到相应的 X 端口，如图 4-24 所示。

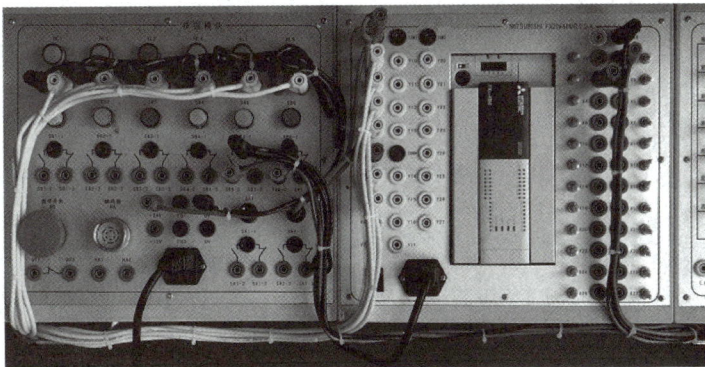

图 4-24　按钮接线

第五步：接线完成后利用万用表检查电路是否正确。如果错误则找到问题重新连接；如果正确则可以进行工艺整理并通电调试。

导师说

硬件接线时要注意以下几点。

1）严格按照如图 4-3 所示交通灯的 I/O 接线图接线。

2）启动和停止按钮选用自复位式按钮。

3）接线时各个指示灯均要与 PLC 及电源构成回路。

4）接线完成后要用仪表根据接线图进行检查，确保无误后方可申请通电。

4.3.2 调试交通灯的 PLC 控制电路

下载交通灯程序，在编程界面里单击"监视"按钮后，弹出如图 4-25 所示的 PLC 监视界面。在按下启动按钮后，出现如图 4-26 所示的 PLC 运行监视界面。

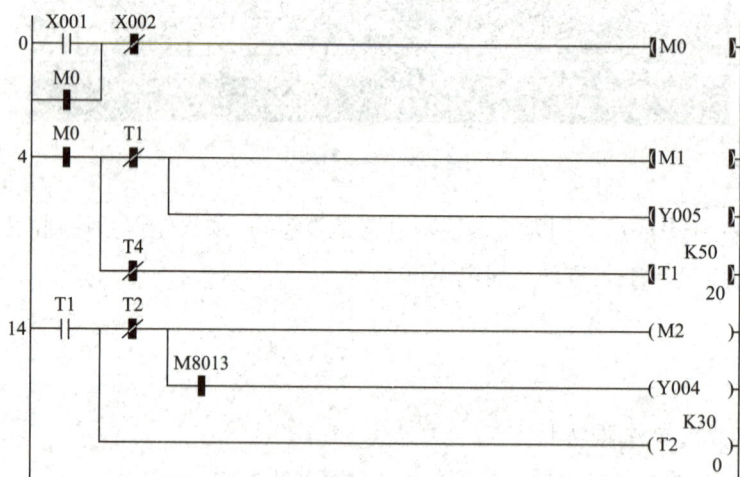

图 4-25　PLC 监视界面

图 4-26　PLC 运行监视界面

　　根据程序运行监视界面，对照硬件进行功能验证，发现问题可从两方面入手。一是软件部分方面，检查监视界面问题部分的线圈和触点是否有误，检查步的通断电状态；二是硬件部分方面，检查硬件连线部分输入/输出端子及公共端是否接线有误，以及导线是否完好，反复运行和检查修改直至完成任务。

项目评价

项目评价由三部分组成，即学生自评、小组评价和教师评价。

项目检查与评价

序号	评价内容	配分	评价标准	学生评价	教师评价
1	实训器材准备	5	（1）工具准备完整性（是□2分） （2）设备、仪表、材料准备完整性（是□3分）		
2	设计交通灯的PLC控制电路	15	（1）分析交通灯控制原理（是□5分） （2）确定I/O总点数及地址分配（是□5分） （3）设计PLC硬件接线图（是□5分）		
3	设计交通灯的PLC控制程序	22	（1）启动GX Develope（是□3分） （2）创建、保存新工程（是□3分） （3）编写交通灯梯形图程序（是□5分） （4）变换程序（是□3分） （5）检查程序（是□3分） （6）梯形图逻辑测试（是□5分）		
4	安装交通灯的PLC控制电路	25	（1）检查模块（是□5分） （2）连接主电路（是□5分） （3）PLC供电电源接线（是□5分） （4）PLC输入信号接线（是□5分） （5）PLC输出信号接线（是□5分）		
5	调试交通灯的PLC控制电路	25	（1）连接PLC与计算机（是□5分） （2）下载程序（是□5分） （3）测试梯形图程序的逻辑功能（是□5分） （4）空载调试（是□5分） （5）系统调试（是□5分）		
6	安全与文明生产	8	（1）环境整洁（是□2分） （2）工具、仪表摆放整齐（是□3分） （3）遵守安全规程（是□3分）		

拓展提高　流水灯的编程设计

流水灯的程序要求是：按下启动按钮（自复位式按钮），第一个灯HL1开始亮，工作时间为1s；HL1熄灭的同时第二个灯HL2开始亮，工作时间为1s；HL2熄灭的同时第三个灯HL3开始亮，工作时间为1s；HL3熄灭后程序如图4-27所示开始循环。按下停止按钮（自复位式按钮）程序立刻停止。

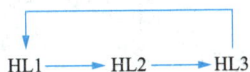

图4-27　流水灯循环示意图

1．任务分析

按下启动按钮（自复位式按钮），HL1 工作 1s 熄灭后启动 HL2，HL2 工作 1s 熄灭后启动 HL3，HL3 工作 1s 熄灭后程序循环。该任务是一个有顺序的循环程序。程序工作时任何时刻有且仅有一个灯工作。

2．I/O 地址分配（表4-5）

表 4-5　流水灯的 I/O 地址分配表

输入端（I）			输出端（O）		
序号	输入设备	端口编号	序号	输出设备	端口编号
1	启动按钮 SB1	X001	1	HL1	Y001
2	停止按钮 SB2	X002	2	HL2	Y002
			3	HL3	Y003

图 4-28　流水灯启停程序

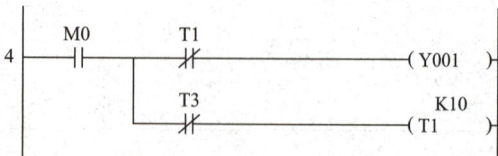

图 4-29　流水灯 HL1 程序

图 4-30　流水灯 HL2 程序

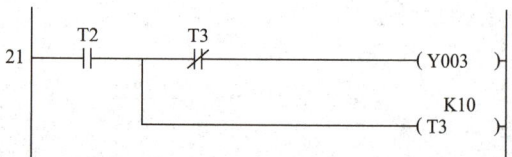

图 4-31　流水灯 HL3 程序

3．程序设计

1）可以采用如图 4-28 所示的"启动—保持—停止"形式来编写流水灯的启停程序。

2）如图 4-29 所示，利用辅助继电器 M0 的保持功能来为后面程序供电，Y001 通电，HL1 亮。定时器 T1 线圈通电设置时间为 1s，当 T1 计时到 1s 时，其常闭触点断开，Y001 失电，HL1 熄灭。

3）如图 4-30 所示，T1 常开触点闭合使 Y002 通电，HL2 亮。定时器 T2 线圈通电设置时间为 1s，当 T2 计时到 1s 时，其常闭触点断开，Y002 失电，HL2 熄灭。

4）如图 4-31 所示，T2 常开触点闭合使 Y003 通电，HL3 亮。定时器 T3 线圈通电设置时间为 1s，当 T3 计时到 1s 时，其常闭触点断开，Y003 失电，HL3 熄灭。

5）循环程序分析：循环程序的原理是"程序结束条件作为程序要循环步的启动条件"。如图 4-29 所示，HL3 工作完成后就开始程序循环，结束条件就是 T3 计时时间到，同时作为循环步 HL1 的启动条件。HL1 失电是因为 T1 计时时间到，常闭触点 T1 断开引起的，所以用结束条件 T3 的常闭触点断开，使 T1 线圈失电，则 T1 常闭触点复位，使 Y001 重新通电，程序开始循环。

检测与反思

基础题

1. 填空题

（1）在 FX$_{2N}$ 系列中定时器按功能可分为_____、_____两种。

（2）在 FX$_{2N}$ 系列中定时器设定值可用常数_____设置。

（3）在 FX$_{2N}$ 系列中 100ms 积算型定时器共有_____点。

（4）在 FX$_{2N}$ 系列中用到积算型定时器后，清除该定时器数据时要用到_____指令。

2. 选择题

（1）对于 FX 系列 PLC 中，表示 1s 时钟脉冲的是（　　）。
    A. M8011　　　　B. M8012　　　　C. M8013　　　　D. M8014

（2）下列定时器属于积算型定时器的是（　　）。
    A. T250　　　　B. T150　　　　C. T5　　　　D. T50

（3）录入程序时驱动定时器线圈的指令是（　　）。
    A. RST　　　　B. ZRST　　　　C. OUT　　　　D. SET

提高题

1. 填空题

（1）在 FX$_{2N}$ 系列 PLC 中 100ms 通用型定时器共_____点。

（2）在 FX$_{2N}$ 系列 PLC 中使用 100ms 定时器设定时间为 6s 时常数 K 为_____。

（3）在 FX$_{2N}$ 系列 PLC 中对 10ms 时钟累积计数的通用型定时器，设定的最小值是_____。

2. 选择题

（1）以下定时器中定时精度最高的是（　　）。
    A. T1　　　　B. T251　　　　C. T247　　　　D. T147

（2）下列定时器属于 100ms 积算型定时器的是（　　　）。

  A．T255   B．T155   C．T55   D．T5

（3）录入程序指令为 OUT T1 K80，表示的设置时间是（　　　）s。

  A．0.8   B．8   C．80   D．800

（4）录入程序指令为 OUT T247 K80，表示的设置时间是（　　　）s。

  A．0.008   B．0.08   C．0.8   D．8

<h2 style="text-align:center">拓展题</h2>

设计题

"流水灯"循环控制要求如下。

按下启动按钮（自复位式按钮），第一个灯 HL1 开始亮，工作时间为 1s；HL1 熄灭的同时第二个灯 HL2 开始亮，工作时间为 1s；HL2 熄灭的同时第三个灯 HL3 开始亮，工作时间为 1s；HL3 熄灭的同时第四个灯 HL4 开始亮，工作时间为 1s；HL4 熄灭的同时第五个灯 HL5 开始亮，工作时间为 1s；HL5 熄灭的同时第六个灯 HL6 开始亮，工作时间为 1s；HL6 熄灭后程序如下图所示开始循环。按下停止按钮（自复位式按钮）程序立刻停止。

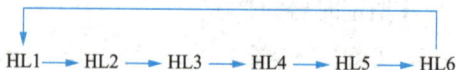

流水灯循环示意图

根据任务完成：①自定义 I/O 地址分配；②程序设计；③硬件接线；④联机调试。

项目 5　抢答器的 PLC 控制

教学目标

素质目标

1. 训练学生具有良好的责任意识、品质意识和专注意识。
2. 强化学生的专业技术应用能力、沟通协调能力和再学习能力。

知识目标

1. 熟悉脉冲式触点指令 LDP、LDF、ANDP、ANDF、ORP、ORF 的应用。
2. 了解区间复位指令 ZRST 的应用。
3. 了解 PLC 的输入、输出部件。

能力目标

1. 能正确编写抢答器的 PLC 程序。
2. 能正确连接硬件线路。
3. 能根据程序进行调试。

项目描述

学校团委下个月将举行"不负韶华，只争朝夕"党团知识竞赛，竞赛设抢答环节，需要抢答器一台。通过专业对接，将由我们利用现有的设备设计出一个最优的方案，配合团委完成知识竞赛活动。现场提供了按钮模块（包含直流电源、指示灯、按钮）、FX_{2N}-48MR 型 PLC 模块、电源模块、安全插线若干、装有三菱 GX8.86 软件台式计算机一台、万用表一块。根据任务内容定义 I/O 地址分配表后进行编程设计，硬件连线，联机调试完成抢答器控制，同时将相关数据填入表 5-1 中。

三路抢答器的控制要求如下。

1）在主持人发出抢答信号前，选手按下抢答按钮进行抢答的视为违例。该选手对应的抢答指示灯进行闪烁，提示该组违例。

2）当主持人发出抢答信号后，选手最先按下按钮的组抢答指示常亮，其余组再按下按钮无效。

3）选手抢到答题权后，主持人发出开始答题的信号后，开始在规定的时间内答题。答题指示灯常亮提示已到达答题时间。

4）本轮答题结束后，主持人按下复位按钮，将所有选手的指示灯都熄灭，为下一轮抢答做准备。

项目准备

为完成本项目的任务，需要准备如表 5-1 所示的工具、仪表及材料。

表 5-1　任务准备清单

名称	型号 / 规格	数量	备注	实物图
可编程逻辑控制器	三菱 FX$_{2N}$-48MR	1 台	含继电器输出模块	
电源模块	—	1 套	—	
按钮模块	—	1 套	包含直流电源、指示灯、按钮、急停、蜂鸣器	
安全插线	—	若干	多颜色安全插线备用	
计算机	台式机、笔记本均可	1 台	装有三菱 GX8.86 软件	
电工工具套装	—	1 套	包含万用表、螺丝刀、剥线钳等常用电工工具	
数据线	三菱 PLC 专用通信线	1 根	能连接计算机和三菱 PLC 实现通信	

　　工作流程图如图 5-1 所示，根据任务要求设计电路原理图，包括电路原理图及 PLC 接线图；参照梯形图进行 PLC 编程；按 PLC 接线图和主电路接线图进行接线并通电调试。

电路原理图设计 ⇒ PLC程序设计 ⇒ 抢答器的电路安装 ⇒ 程序下载及调试

图 5-1　工作流程图

项目实施

任务 5.1　设计抢答器的 PLC 控制电路

5.1.1　分析抢答器工作状态

　　可将三路抢答器的任务分为：①主持人发出抢答信号前的违例抢答，该组抢答指示灯闪烁提示；②主持人发出抢答信号后，选手最先抢答的组指示灯常亮提示，同时其余组按下按钮后指示灯不会常亮，此处用到电路"互锁"的知识；③当主持人发出答题信号时系统开始计时，选手必须在规定时间内答题完毕，超出答题时间会扣分或者违例；④每次答完题再进行下一题前，主持人要复位系统。抢答器可分为5种工作状态，如表5-2所示。

表5-2　抢答器工作状态

工作状态	主持人	选手	PLC 输出	抢答情况
工作状态1	发出抢答信号（启动按钮）前	按下按钮抢答	抢答者指示灯亮	违例
工作状态2	发出抢答信号（启动按钮）后	按下按钮抢答	优先抢答者指示灯亮，其余选手指示灯不亮	成功
工作状态3	发出答题信号（启动计时按钮）	在规定时间内完成答题	计时指示灯不亮	成功并加分
工作状态4		超出答题时间	计时指示灯亮	扣分或者违例
工作状态5	按下复位按钮	—	所有指示灯熄灭	—

5.1.2　设计抢答器的 PLC 控制电路

通过分析可以得到三路抢答器中选手抢答需要3个按钮，主持人需要发出抢答信号、发出答题信号、复位系统3个按钮；三路抢答器用来提示抢答优先需要3个指示灯，答题计时提示需要1个指示灯。由此，三路抢答器共需要4个指示灯和6个按钮。由于模块提供的6个按钮中SB1、SB2、SB3为自锁式按钮，SB4、SB5、SB6为自复位式按钮，所以三路抢答器控制电路I/O地址分配表如表5-3所示。

表5-3　三路抢答器控制电路 I/O 地址分配表

输入端（I）			输出端（O）		
序号	输入设备	端口编号	序号	输出设备	端口编号
1	第1组抢答按钮SB4	X001	1	HL6 答题时间指示灯	Y000
2	第2组抢答按钮SB5	X002	2	HL1 一路抢答指示灯	Y001
3	第3组抢答按钮SB6	X003	3	HL2 二路抢答指示灯	Y002
4	主持人启动按钮SB1	X004	4	HL3 三路抢答指示灯	Y003
5	主持人计时按钮SB2	X005			
6	主持人复位按钮SB3	X006			

根据控制要求，PLC控制电路共6个输入端和4个输出端，抢答器PLC控制电路的I/O接线图如图5-2所示。

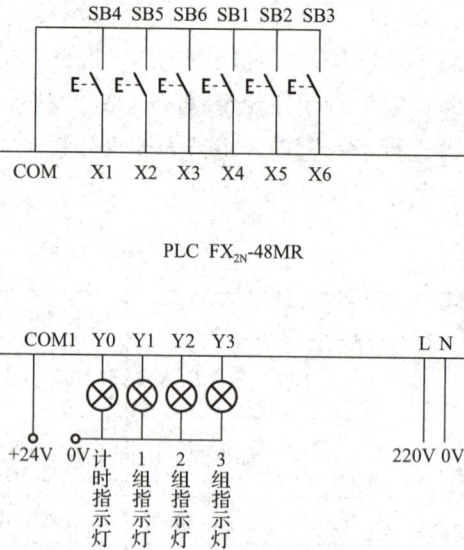

图 5-2 抢答器 PLC 控制电路的 I/O 接线图

任务 5.2 设计抢答器的 PLC 控制程序

5.2.1 相关指令介绍

1. LDP 指令和 LDF 指令

LDP/LDF 指令功能和 LD 指令基本一样，用于常开触点接左母线，但不同的是 LDP 指令让常开触点只在闭合的瞬间（上升沿时，即 OFF→ON 变化时）接到左母线一个扫描周期，而 LDF 指令让常开触点只在断开的瞬间（下降沿时，ON→OFF 变化时）接到左母线一个扫描周期。

如图 5-3 所示，X001 的常开触点闭合后虽然一直保持闭合状态，但由于 X001 的常开触点只在闭合瞬间接到左母线一个扫描周期，Y001 的线圈只得电一个扫描周期后就失电了。如图 5-4 所示，X001 的常开触点闭合的瞬间，Y001 的线圈得电并自锁，因此，Y001 的线圈一直保持得电状态。

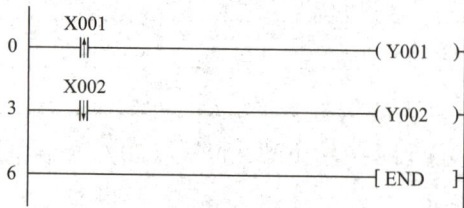

图 5-3 LDP 指令和 LDF 指令的应用

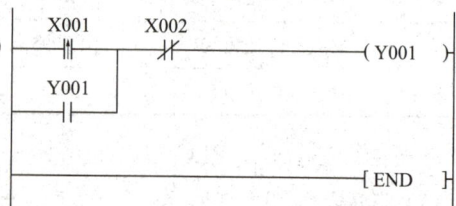

图 5-4 LDP 指令的应用

2. ANDP 指令和 ANDF 指令

ANDP 指令的应用如图 5-5 所示，其功能是在 X003 常开触点闭合的瞬间（上升沿时，即 OFF → ON 变化时）与前面的触点串联一个扫描周期。

ANDF 指令的应用如图 5-6 所示，其功能是在 X004 常开触点断开的瞬间（下降沿时，即 ON → OFF 变化时）与前面的触点串联一个扫描周期。

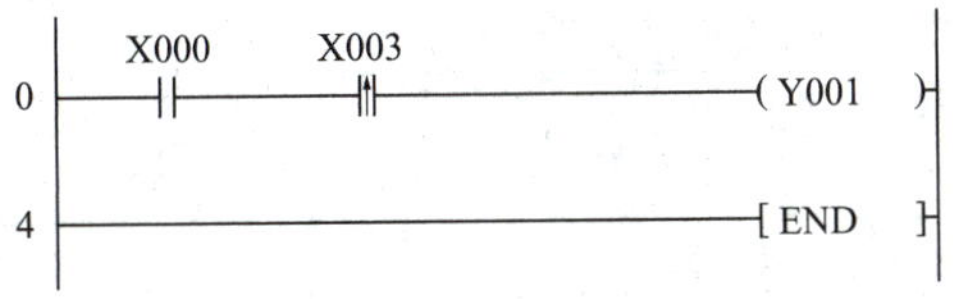

图 5-5　ANDP 指令的应用 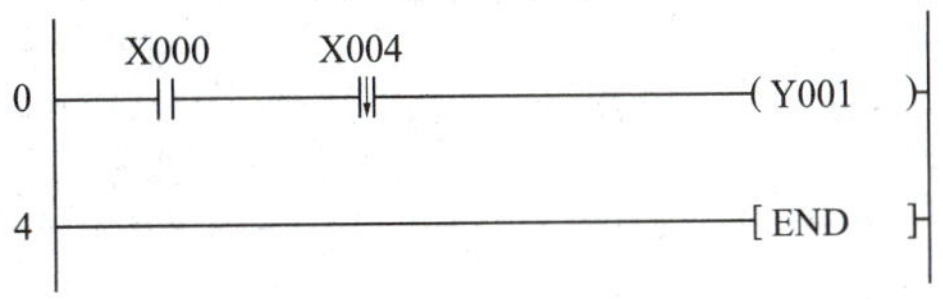　　　　图 5-6　ANDF 指令的应用

3. ORP 指令和 ORF 指令

ORP 指令的应用如图 5-7 所示，其功能是在 X005 常开触点闭合的瞬间（上升沿时，即 OFF → ON 变化时）与上面的触点并联一个扫描周期。

ORF 指令的应用如图 5-8 所示，其功能是在 X006 常开触点断开的瞬间（下降沿时，即 ON → OFF 变化时）与上面的触点并联一个扫描周期。

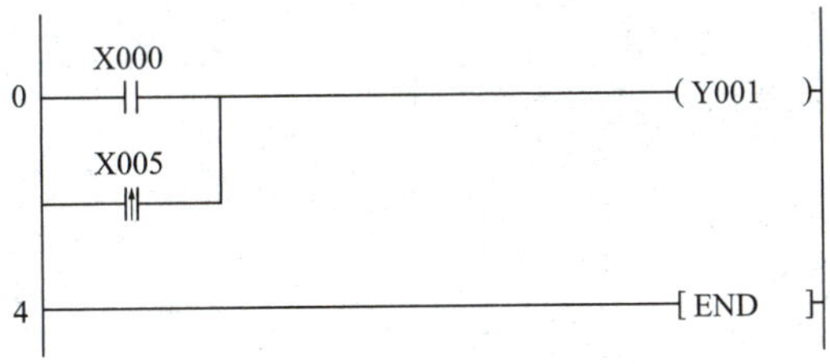

图 5-7　ORP 指令的应用 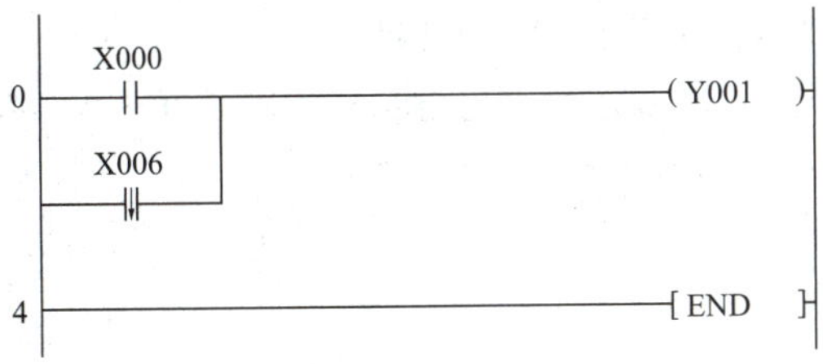　　　　图 5-8　ORF 指令的应用

以上脉冲式触点指令的名称、功能和回路表示如表 5-4 所示，适用于 X、Y、M、S、T、C 等元件。

表 5-4　脉冲式触点指令

助记符	指令名称	指令功能	回路表示
LDP	取脉冲上升沿	上升沿检出运算开始	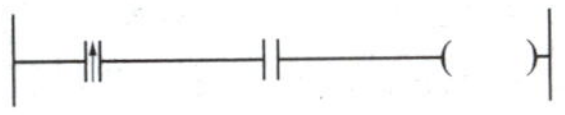
LDF	取脉冲下降沿	下降沿检出运算开始	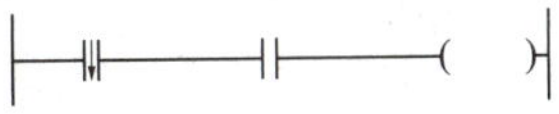
ANDP	与脉冲上升沿	上升沿检出串联连接	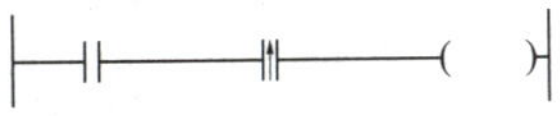

续表

助记符	指令名称	指令功能	回路表示
ANDF	与脉冲下降沿	下降沿检出串联连接	
ORP	或脉冲上升沿	上升沿检出并联连接	
ORF	或脉冲下降沿	下降沿检出并联连接	

4. 区间复位指令 ZRST

区间复位指令 ZRST 可将 [D1]、[D2] 指定的元件号范围内的同类元件成批复位，适用于软元件 Y、M、S、T、C、D。

1）[D1] 和 [D2] 指定的应为同一类元件，[D1] 的元件号应小于 [D2] 的元件号。如果 [D1] 的元件号大于 [D2] 的元件号，则只有 [D1] 指定的元件被复位。

2）ZRST 指令是 16 位处理指令，但 [D1]、[D2] 也可以指定 32 位计数器。

3）ZRST 指令与 RST 指令都是复位用，区别在于 RST 复位一个地址，而 ZRST 复位一个"连续的"地址。

当 X000 由 OFF 到 ON 时，Y0 ~ Y3 成批复位，如图 5-9 所示。

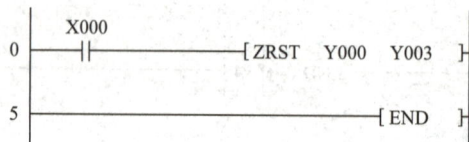

图 5-9　ZRST 指令的应用

5.2.2　设计抢答器的 PLC 梯形图

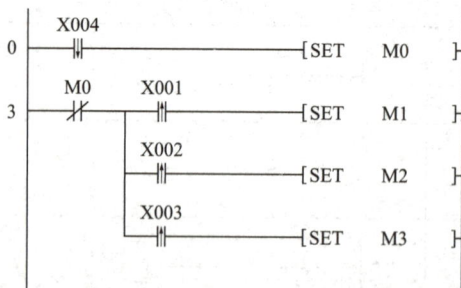

图 5-10　抢答违例程序

1. 编写梯形图程序

创建、保存抢答器的 PLC 控制电路工程。在 GX Developer 软件编辑界面中创建一个新工程，命名为"抢答器程序"，将其保存到 D:\MELSEC\GPPW 文件夹中。

如图 5-10 所示，主持人没有按下启动按钮 SB1（X004）时，M0 线圈不通电，这时

M0 常闭触点有效，三组选手按下抢答按钮 SB4（X001）、SB5（X002）、SB6（X003）时 M1、M2、M3 分别置位。

如图 5-11 所示，抢答违例后会置位与其相应的 M1 或 M2 或 M3，使其常开触点通电，因为 M8013 为产生 1s 时钟脉冲，所以与之对应的输出 M11 或 M12 或 M13 会经 0.5s 接通、0.5s 断开进行闪烁，以此提示主持人该组抢答违例（违例提示和答题提示采用同一指示灯，为避免出现双线圈，用 M 元件代替输出继电器 Y）。

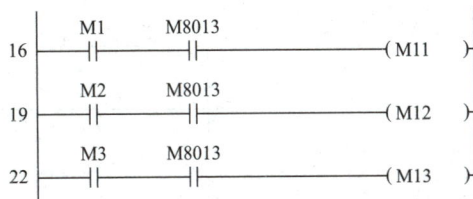

图 5-11　抢答违例提示闪烁程序

如图 5-12 所示，当主持人按下 SB1（X004）时，M0 线圈处于通电状态，这时 M0 常开触点有效，按下抢答按钮置位与其对应的 M 元件，同时由于利用 M21、M22 和 M23 进行互锁，所以 M21、M22 和 M23 其中任意一个先得电，另外两个 M 元件就不会得电，保证了只有一组能抢到答题权。

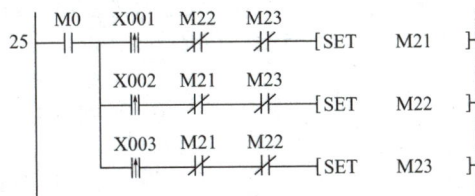

图 5-12　抢答程序

如图 5-13 所示，采用集中输出方式解决双线圈问题。

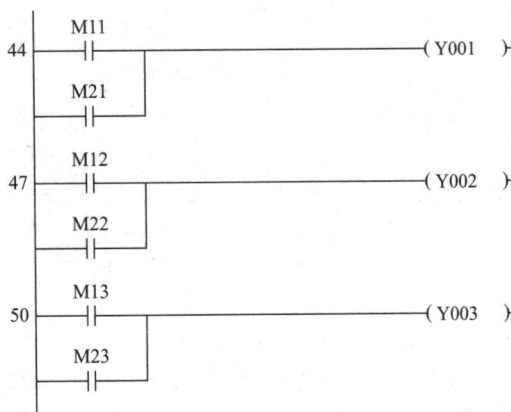

图 5-13　集中输出方式

如图 5-14 所示，主持人按下 SB2（X005）时选手开始答题，M4 常开触点有效，T1 开始计时，当计时到设定值时，输出 Y000 提示选手答题时间到。

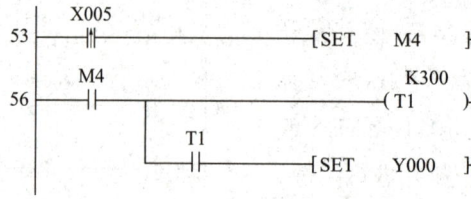

图 5-14　答题计时程序

如图 5-15 所示，主持人按下 SB3（X006）时，Y000 ～ Y003 和 M0 ～ M23 区间复位。可以进行下一轮抢答。

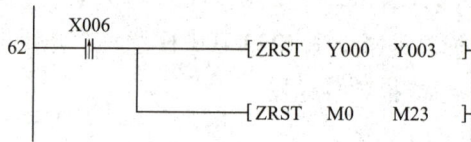

图 5-15　复位程序

2. 指令表

0	LDP	X004		24	SET	M13
2	SET	M0		25	LD	M0
3	LDI	M0		26	MPS	
4	MPS			27	ANDP	X001
5	ANDP	X001		29	ANI	M22
7	SET	M1		30	ANI	M23
8	MRD			31	SET	M21
9	ANDP	X002		32	MRD	
11	SET	M2		33	ANDP	X002
12	MPP			35	ANI	M21
13	ANDP	X003		36	ANI	M23
15	SET	M3		37	SET	M22
16	LD	M1		38	MPP	
17	AND	M8013		39	ANDP	X003
19	LD	M2		41	ANI	M21
20	AND	M8013		42	ANI	M22
21	SET	M12		43	SET	M23
22	LD	M3		44	LD	M11
23	AND	M8013		45	OR	M21

46	OUT	Y001		56	LD	M4	
47	LD	M12		57	OUT	T1	K300
48	OR	M22		60	AND	T1	
49	OUT	Y002		61	SET	Y000	
50	LD	M13		62	LDP	X006	
51	OR	M23		64	ZRST	Y000	Y003
52	OUT	Y003		69	ZRST	MO	M23
53	LDP	X005		74	END		
55	SET	M4					

任务 5.3　安装与调试抢答器的 PLC 控制电路

5.3.1　安装抢答器的 PLC 控制电路

1. 检查模块

分别检查电源模块和按钮模块中的电源、指示灯及按钮的质量，如有损坏请及时更换。操作方法同项目 4 任务 4.3.1，此处不再赘述。

2. 连接电路

第一步：用黑色短线将 4 个灯的其中一个接线端串联起来，连接到 24V 直流电源的 0V 端，如图 5-16 所示。

第二步：用红色短线将 24V 直流电源的 24V 端连接到 PLC 模块的 COM1，如图 5-17 所示。

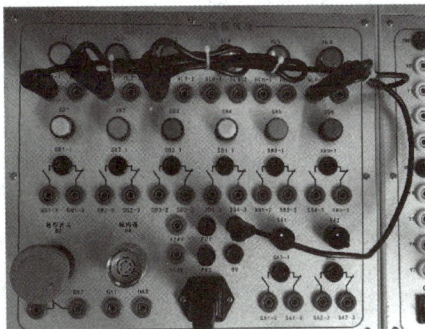

图 5-16　电源 0V 端接线　　　　　　　图 5-17　电源 24V 端接线

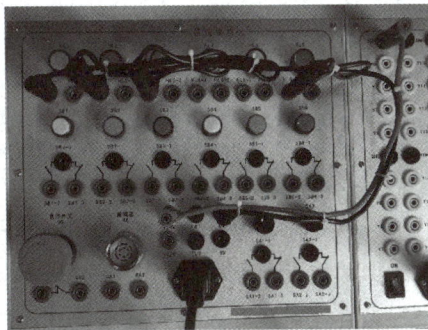

第三步：用黄色长线按照 I/O 分配表的地址，将 4 个灯的另一接线端分别连接到 PLC 模块的相应输出端口，如图 5-18 所示。

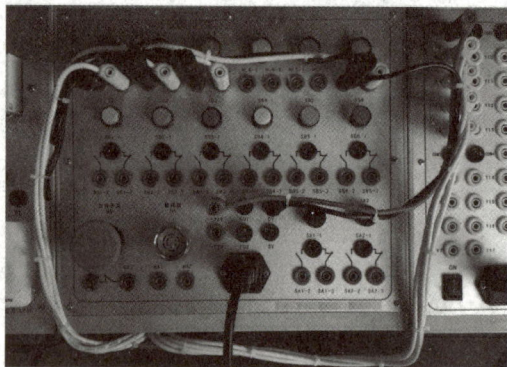

图 5-18　输出端口接线

第四步：用黑色短线将按钮的黑色插孔端串联起来，再用黑色长线连接到 PLC 模块输入继电器 X 的 COM 端口，如图 5-19（a）所示。

第五步：用绿色长线将按钮的常开触点端口按照 I/O 分配表的地址连接到相应的 X 端口，如图 5-19（b）所示。

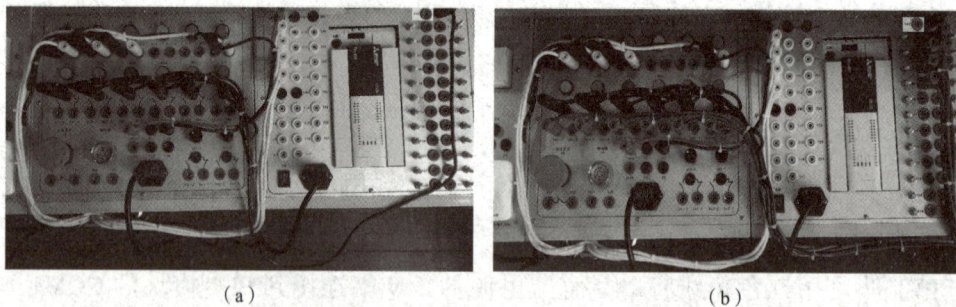

（a）　　　　　　　　　　　　　　　　　　（b）

图 5-19　按钮接线

第六步：接线完成后利用万用表检查电路是否正确。如果错误则找到问题重新连接，如果正确则可以进行整理并通电调试。

导师说

严谨、敬业、专注、执著是"工匠精神"的精髓，本次硬件接线时要注意以下几点。

1）严格按照抢答器的 I/O 接线图接线。

2）接线时各个指示灯均要与 PLC 及电源构成回路。

3）接线完成后要用仪表根据接线图进行检查，确保无误后方可申请通电。

5.3.2　调试抢答器的 PLC 控制电路

下载抢答器程序后，在编程界面里单击"监视"按钮后，弹出图 5-20 所示的 PLC

监视界面。按下启动按钮后，出现图 5-21 所示的 PLC 运行监视界面。

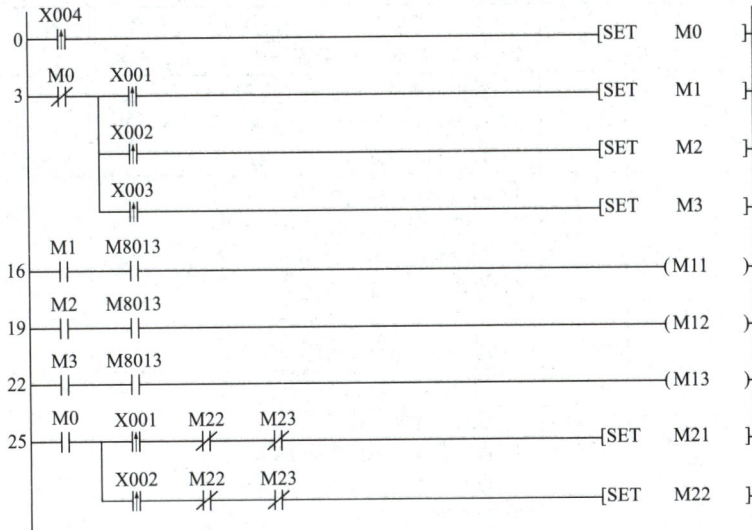

图 5-20　PLC 监视界面

图 5-21　PLC 运行监视界面

项目评价

项目评价由三部分组成，即学生自评、小组评价和教师评价。

序号	评价内容	配分	评价标准	学生评价	教师评价
1	实训器材准备	5	（1）工具准备完整性（是 □ 2分） （2）设备、仪表、材料准备完整性（是 □ 3分）		
2	设计抢答器的PLC控制电路	15	（1）分析抢答器工作状态（是 □ 5分） （2）确定I/O总点数及地址分配（是 □ 5分） （3）设计PLC硬件接线图（是 □ 5分）		
3	设计抢答器的PLC控制程序	22	（1）启动GX Develope（是 □ 3分） （2）创建、保存新工程（是 □ 3分） （3）编写抢答器梯形图程序（是 □ 5分） （4）变换程序（是 □ 3分） （5）检查程序（是 □ 3分） （6）梯形图逻辑测试（是 □ 5分）		
4	安装抢答器的PLC控制电路	25	（1）检查模块（是 □ 5分） （2）连接主电路（是 □ 5分） （3）PLC供电电源接线（是 □ 5分） （4）PLC输入信号接线（是 □ 5分） （5）PLC输出信号接线（是 □ 5分）		
5	调试抢答器的PLC控制电路	25	（1）连接PLC与计算机（是 □ 5分） （2）下载程序（是 □ 5分） （3）测试梯形图程序的逻辑功能（是 □ 5分） （4）空载调试（是 □ 5分） （5）系统调试（是 □ 5分）		
6	安全与文明生产	8	（1）环境整洁（是 □ 2分） （2）工具、仪表摆放整齐（是 □ 3分） （3）遵守安全规程（是 □ 3分）		

拓展提高　脉冲指令的应用

1. 自动扶梯

倡导节能环保,用以节约现有能源消耗量,节能环保事关全人类的福祉。如图5-22所示,某商场一楼到二楼采用自动扶梯搭载顾客,为了节能,当有顾客搭载扶梯时,扶梯才自动启动;当顾客离开扶梯后,并且扶梯上无人搭载时,扶梯在延时5s后自动停机。

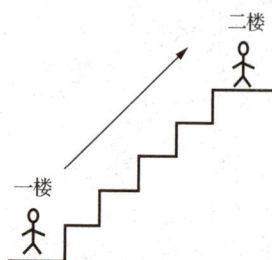

2. 任务分析

任务所用的商场的自动扶梯,商场每天的顾客数量不详。只要有顾客在扶梯上,扶梯就会自动启动,而扶梯上没有顾客开始计时5s后自动停机。一般情况下认为从一楼进入扶梯的顾客都是会从二楼出去,所以通过比较一、二楼顾客数量来判断扶梯上是否有顾客来确定扶梯的运行或停止状态。如果一楼进入扶梯的顾客数量大于二楼,则扶梯上有人并且扶梯处于运行状态;如果一楼进入扶梯的顾客数量等于

图 5-22　扶梯示意图

二楼，则扶梯上无人并且扶梯延时 5s 后停止。正常情况下一楼进入扶梯顾客不会小于二楼出来的顾客数量，因此在一、二楼分别安装一个传感器检测进入扶梯的人数。由于任务扶梯不知道顾客的数量，所以使用的计数器为设定值是不行的，此时可以采用 INC 自增指令，一楼进入扶梯一个人一楼计数值增加 1，二楼出扶梯一个人二楼计数值增加 1，再比较一、二楼的计数值来确定扶梯状态。

3．相关指令介绍

1）比较指令，其助记符和名称及功能如表 5-5 所示。

表 5-5　比较指令的名称和功能

指令助记符	指令名称
LD =	触点比较指令运算开始（S1）=（S2）时导通
LD >	触点比较指令运算开始（S1）>（S2）时导通
LD <	触点比较指令运算开始（S1）<（S2）时导通
LD <>	触点比较指令运算开始（S1）≠（S2）时导通
LD ≤	触点比较指令运算开始（S1）≤（S2）时导通
LD ≥	触点比较指令运算开始（S1）≥（S2）时导通
AND =	触点比较指令串联连接（S1）=（S2）时导通
AND >	触点比较指令串联连接（S1）>（S2）时导通
AND <	触点比较指令串联连接（S1）<（S2）时导通
AND <>	触点比较指令串联连接（S1）≠（S2）时导通
AND ≤	触点比较指令串联连接（S1）≤（S2）时导通
AND ≥	触点比较指令串联连接（S1）≥（S2）时导通
OR =	触点比较指令并联连接（S1）=（S2）时导通
OR >	触点比较指令并联连接（S1）>（S2）时导通
OR <	触点比较指令并联连接（S1）<（S2）时导通
OR <>	触点比较指令并联连接（S1）≠（S2）时导通
OR ≤	触点比较指令并联连接（S1）≤（S2）时导通
OR ≥	触点比较指令并联连接（S1）≥（S2）时导通

如图 5-23 所示，当 C1 的值大于 C2 的值时，{> C1 C2} 有效，Y000 有输出；当 C3 的值等于 C4 的值时，{= C3 C4} 有效，Y001 有输出；当 C5 的值小于 C6 的值时，{< C5 C6} 有效，Y002 有输出。

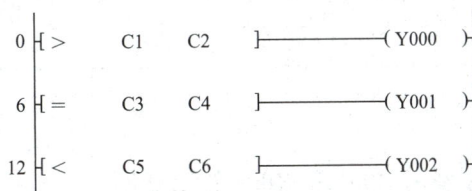

```
0 ┤[>    C1    C2    ]──────( Y000 )

6 ┤[=    C3    C4    ]──────( Y001 )

12┤[<    C5    C6    ]──────( Y002 )
```

图 5-23　比较指令的应用

2）二进制加1、减1指令INC、DEC。

如图5-24所示，X000每置ON一次，Ⓓ指定软元件的内容就加1。必须引起注意的是，在连续执行指令中，每个扫描周期都将执行加1运算。

如图5-25所示，X001每置ON一次，Ⓓ指定软元件的内容就减1。必须引起注意的是，在连续执行指令中，每个扫描周期都将执行减1运算。

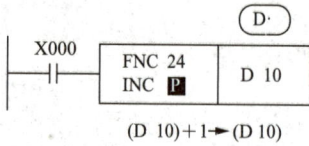

图5-24　INC指令　　　　　　图5-25　DEC指令

由于INC、DEC指令演示功能相近，这里以自增为例演示。如图5-26所示，手动闭合X001使C0自增，但是因为PLC程序是循环扫描，在闭合X001的时间段里PLC对X001扫描了多次，导致监视文件中C0的值不是只增加了1。为了避免这种情况发生，可以选择同一扫描周期只接通一次脉冲指令。程序利用X002取脉冲上升沿时INC指令使C2有效值自增1。

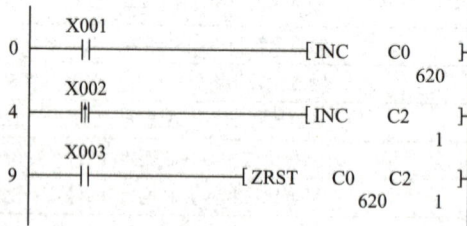

图5-26　INC指令的应用

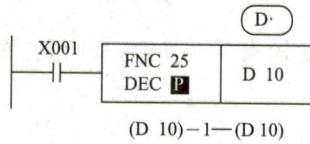

4. 自动扶梯I/O地址分配表（表5-6）

表5-6　自动扶梯I/O地址分配表

输入端（I）			输出端（O）		
序号	输入设备	端口编号	序号	输出设备	端口编号
1	一楼扶梯传感器	X001	1	扶梯电机	Y001
2	二楼扶梯传感器	X002			

5. 程序设计

1）如图5-27所示，利用X001和X002的取脉冲上升沿指令，X001取脉冲上升沿有效C1自增1，X002取脉冲上升沿有效C2自增1。

2）如图 5-28 所示，当一楼计数 C1 大于二楼计数 C2 时，置位 Y001 使扶梯运行。当一楼计数 C1 等于二楼计数 C2 时，输出定时器 T1 计时 5s 开始：如果 5s 内一楼有人进入扶梯，则满足条件 C1 大于 C2，扶梯运行，定时器失电停止计时；如果 5s 时间到了，则复位 Y001 扶梯停止。

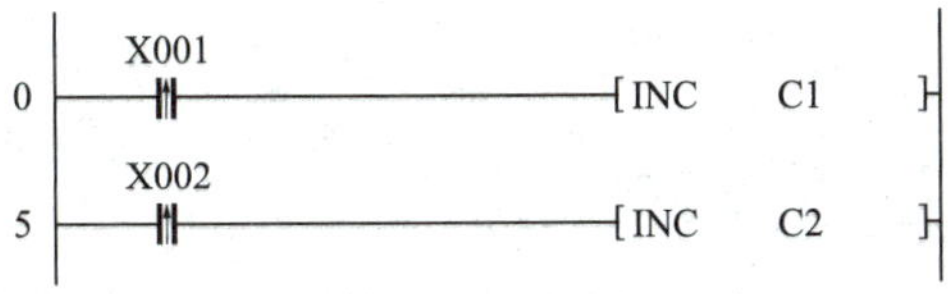

图 5-27　一、二楼的计数程序

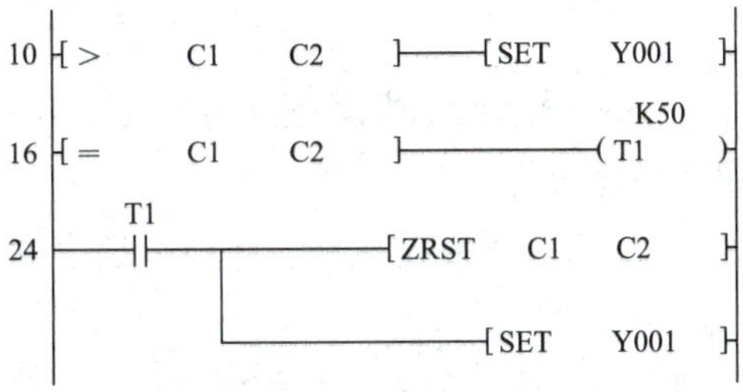

图 5-28　扶梯控制程序

检测与反思

基础题

1. 填空题

（1）在 FX$_{2N}$ 系列 PLC 中与脉冲上升沿指令是_____，或脉冲下降沿指令是_____。

（2）在本任务中运用到的区间复位指令是_____。

2. 选择题

（1）LDP 指令是（　　）。

A. 与脉冲上升沿　　　　　B. 与脉冲下降沿

C. 取脉冲上升沿　　　　　D. 取脉冲下降沿

（2）脉冲指令不适用于下列元件的是（　　）。

A. X 输入继电器　　　　　B. D 寄存器

C. Y 输出继电器　　　　　D. S 状态器

（3）脉冲指令在同一个扫描周期内接通（　　　）次。

  A. 1   B. 2   C. 3   D. 4

提高题

设计题

"四路"抢答器的控制要求如下。

1）在主持人发出抢答信号前，选手按下抢答按钮进行抢答视为违例。该选手对应的抢答指示灯进行闪烁，提示该组违例。

2）当主持人发出抢答信号后，选手最先按下按钮的该组抢答指示灯常亮，其余组再按下按钮无效。

3）选手抢到答题权后，主持人发出开始答题的信号后，开始在规定的时间内答题。答题指示灯常亮提示已到达答题时间。

4）本轮答题结束后，主持人按下复位按钮，将所有选手的指示灯都熄灭，为下一轮抢答做准备。

  根据任务完成：①自定义 I/O 地址分配；②程序设计；③硬件接线；④联机调试。

拓展题

设计题

  某轻轨一楼到二楼采用电梯搭载顾客，电梯由安装在一楼厅门口的上升呼叫按钮和二楼厅门口的下降呼叫按钮进行操控，其操控内容为电梯的运行方向。电梯轿厢内设有楼层内选按钮 S1、S2，用于选择需停靠的楼层。L1 为一层指示，L2 为二层指示，SQ1、SQ2 为到位行程开关。电梯到达相应停靠楼层自动开门，10s 后自动关门。电梯停靠在相应楼层，当乘客按该楼层厅门口的上升或下降呼叫按钮后，电梯门自动打开，10s 后自动关门。

  根据任务完成：①自定义 I/O 地址分配；②程序设计；③硬件接线；④联机调试。

模块 3

PLC在工业中的典型应用

📁 模块概述

目前我国经济已经逐渐向全球化发展，不同国家在进行贸易时发生的摩擦也目前我国经济已经逐渐向全球化发展，不同国家在进行贸易时发生的摩擦也越来越多，而这些经济问题的出现绝大多数都是因为技术问题，就现阶段而言，虽然我国综合实力正在不断提升，但是我国很多工业技术研发、制造仍旧受到其他国家的限制，甚至是封锁，这样是很不利于我国综合实力的提升。随着时代发展，我国对于核心技术的依赖程度也越来越重，这也正好说明，制造行业对于国家发展来说是极为重要。我国是制造业大国，制造行业能否稳定、可持续发展以及发展程度更是直接关系到我国经济、建设等方面的提升。在现代化的工业生产设备中，有大量数字量及模拟量的控制装置，如电动机的启停，电磁阀的开闭，产品的计数、温度、压力、流量的设定与控制等，而 PLC 技术是 解决上述问题最有效、最便捷的工具，因此 PLC 在工业控制领域中得到了广泛的应用。一直以来，PLC 在工业自动化控制方面发挥着巨大作用，为各种各样的自动化控制设 备提供了广泛、可靠的控制应用。随着计算机技术和通信技术的发展，工业控制领域有了翻天覆地的变化，而 PLC 不断地采用新技术、增强系统的开放性，使其在工业自动化领域中的应用范围不断扩大。

在现代化的工业生产设备中，有大量数字量及模拟量的控制装置，如电动机的启停，电磁阀的开闭，产品的计数、温度、压力、流量的设定与控制等，而 PLC 技术是解决上述问题最有效、最便捷的工具，因此 PLC 在工业控制领域中得到了广泛的应用。一直以来，PLC 在工业自动化控制方面发挥着巨大作用，为各种各样的自动化控制设备提供了广泛、可靠的控制应用。

随着计算机技术和通信技术的发展，工业控制领域有了翻天覆地的变化，而 PLC 不断地采用新技术、增强系统的开放性，使其在工业自动化领域中的应用范围不断扩大。

项目6 机械手的 PLC 控制

教学目标

素质目标

1. 训练学生良好的理实一体化、软硬件一体化的工程思维能力。
2. 培养学生具备吃苦耐劳、坚持不懈、一丝不苟的品格。

知识目标

1. 了解机械手的结构及工作原理。
2. 掌握状态继电器 S 的应用。
3. 了解气缸、电磁阀及传感器的工作原理。

能力目标

1. 能设计简单机械手的 PLC 控制电路。
2. 能利用软件 GX Developer 编写机械手的 PLC 控制梯形图。
3. 能对机械手的控制进行机械安装、电路连接和气路连接。
4. 能对机械手的 PLC 控制进行调试。

项目描述

在先进制造业中，工业机器人已经成为不可替代的重要装备，亦代表了一个国家的制造业水平和科技水平。我国目前正处于产业转型升级的关键时期，以工业机器人为中心的机器人产业，将是我国实现降低产业成本、突破环境制约问题的重要选择。机械手是一种在程序控制下模仿人手进行抓取物料、搬运物料的装置，它通过四个自由度（手爪松开抓紧、手臂上升下降、机械臂伸出缩回、机械臂左旋右旋）的动作完成物料搬运工作。

机械手的具体工作过程如下。

1）上电复位：手爪松开、手臂上升到位、机械臂缩回到位、机械臂左旋到位。

2）启停控制：机械手复位后，按下启动按钮，机械手工作；按下停止按钮，机械手完成当前工作循环后停止。

3）机械手工作过程（图 6-1）。

机械手抓取物料顺序：出料口有料时，机械臂伸出 → 手臂下降 → 手爪夹紧并保持 1s。

机械手放物料顺序：手臂上升 → 机械臂缩回 → 机械臂右旋 → 机械臂伸出 → 手臂下降并保持 1s → 手爪松开放下物料。

机械手回原位顺序：手臂上升 → 机械臂缩回 → 机械臂左旋，回到初始位置完成一个工作周期。

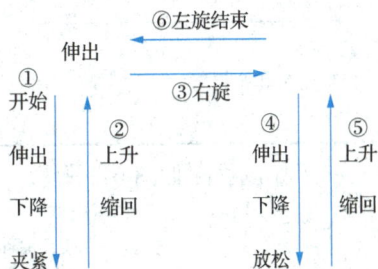

图 6-1　机械手工作过程

项目准备

为完成本项目的任务需要准备如表 6-1 所示的工具、仪表及材料。

表 6-1　任务准备清单

名称	型号 / 规格	数量	备注	图片
实训桌	1190 mm×800 mm×840 mm	1 张	—	
可编程逻辑控制器	三菱 FX_{2N}-48MR	1 台	—	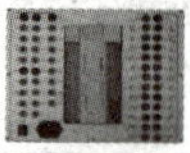
电源模块	三相电源总开关（带漏电和短路保护）1 个，熔断器 3 只，单相电源插座 2 个，安全插座 5 个	1 套	—	
按钮模块	24 V/6 A、12 V/2 A 各一组；急停按钮 1 只，转换开关 2 只，蜂鸣器 1 只，复位按钮黄、绿、红各 1 只，自锁按钮黄、绿、红各 1 只，24V 指示灯黄、绿、红各 2 只	1 套	—	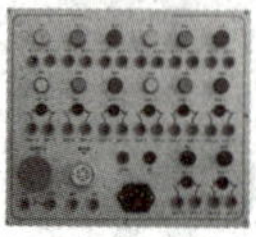
气动机械手部件	单出双杆气缸 1 只，单出杆气缸 1 只，气手爪 1 只，旋转气缸 1 只，电感式接近开关 2 只，磁性开关 5 只，缓冲阀 2 只，非标螺丝 2 只，双控电磁换向阀 4 只	1 套	—	
接线端子模块	接线端子和安全插座	1 套	—	
安全插线及线架	—	若干	—	
气管	Φ4\Φ6	若干	—	
数据线	三菱 PLC 专用通信线	1 根	能连接计算机和三菱 PLC 实现通信	
电工工具套装	—	1 套	包含万用表、螺丝刀、剥线钳等常用电工工具	
计算机	台式机、笔记本均可	1 台	装好软件 GX Developer	
空气压缩机	—	1 台	—	

工作流程图如图 6-2 所示。

电路原理图设计 → PLC程序设计 → 机械手的电路安装 → 程序下载及调试

图 6-2　工作流程图

项目实施

任务 6.1　设计机械手的 PLC 控制电路

6.1.1　了解机械手搬运机构

机械手搬运机构如图 6-3 所示。

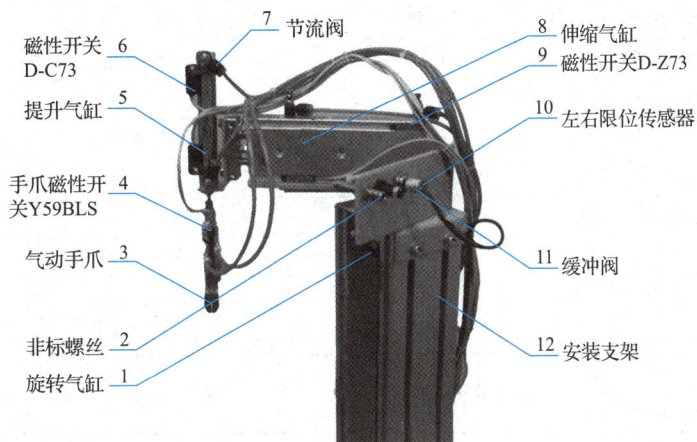

图 6-3　机械手搬运机构

整个搬运机构能完成四个自由度动作：机械臂伸缩、机械臂旋转、手臂上下、手爪松紧，各部件功能如表 6-2 所示。

表 6-2　机械手搬运机构各部件功能

名称	功能	备注
气动手爪	实现抓取和松开物料	由双线圈电磁阀控制
手爪磁性开关 Y59BLS	用于手爪夹紧、松开检测	当抓取到物料时，手爪夹紧，磁性传感器有信号输出，指示灯亮，松开时则反之
提升气缸	实现手臂的上升、下降	由双线圈电磁阀控制
磁性开关 D-C73	用于手臂上、下位置检测	当手臂上升或下降到位时，对应传感器有信号输出，指示灯亮
伸缩气缸	实现机械臂伸出、缩回	由双线圈电磁阀控制
磁性开关 D-Z73	用于机械臂的伸缩位置检测	机械臂伸出或缩回到位后，对应传感器有信号输出，指示灯亮
旋转气缸	实现机械臂的左、右旋转	由双线圈电磁阀控制
左右限位传感器	用于机械臂的左右位置检测	机械臂左旋或右旋到位后，对应传感器有信号输出，指示灯亮
节流阀	用于调节气流大小以控制各气缸动作速度	—
缓冲阀	旋转气缸高速左旋和右旋时，起缓冲减速作用	—

6.1.2 设计机械手的 PLC 控制电路

1. 分配 I/O 地址

根据任务要求确定输入 / 输出端口，如表 6-3 所示。

表 6-3　机械手 PLC 控制电路 I/O 地址分配表

输入端（I）			输出端（O）		
序号	输入设备	端口编号	序号	输出设备	端口编号
1	启动按钮 SB1	X000	1	机械臂左旋转	Y000
2	停止按钮 SB2	X001	2	机械臂右旋转	Y001
3	气动手爪传感器	X002	3	手爪抓紧	Y002
4	旋转左限到位传感器	X003	4	手爪松开	Y003
5	旋转右限到位传感器	X004	5	手臂下降	Y004
6	机械臂伸出到位传感器	X005	6	手臂上升	Y005
7	机械臂缩回到位传感器	X006	7	机械臂伸出	Y006
8	手臂提升到位传感器	X007	8	机械臂缩回	Y007
9	手臂下降到位传感器	X010			
10	物料检测光电传感器	X011			

2. PLC 的 I/O 接线图

根据机械手的 I/O 地址分配表绘制 I/O 接线图，如图 6-4 所示。

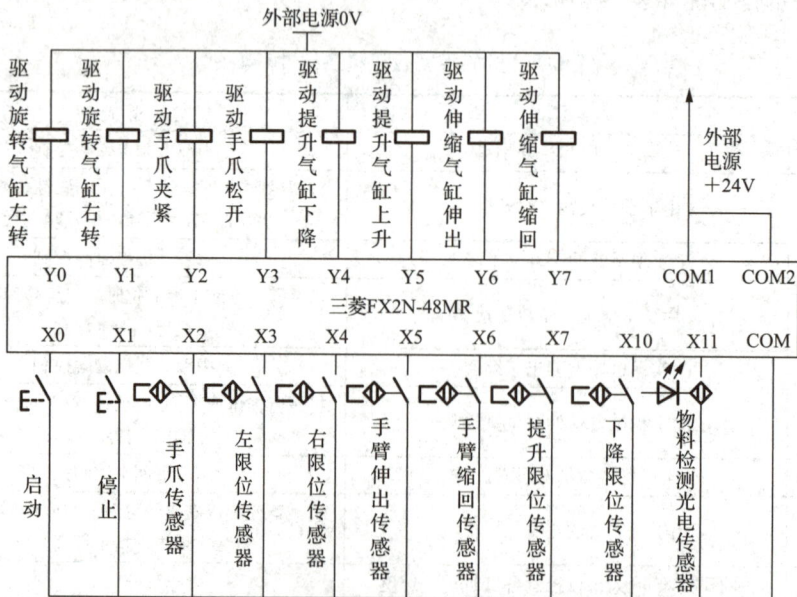

图 6-4　机械手 PLC 控制的 I/O 接线图

任务 6.2　设计机械手的 PLC 控制程序

6.2.1　相关指令介绍

1. 状态继电器

状态继电器（S）是构成状态转移的重要器件，用来记录系统运行中的状态，是编制顺序控制程序的重要编程元件，它与后述的步进顺控指令 STL 配合使用。

状态继电器的类型如表 6-4 所示。

表 6-4　状态继电器的类型

类型	点数范围	备注
初始状态继电器	S0 ～ S9	10 点
回零状态继电器	S10 ～ S19	10 点
通用状态继电器	S20 ～ S499	480 点
保持状态继电器	S500 ～ S899	400 点
报警用状态继电器	S900 ～ S999	100 点

如图 6-4 所示，用机械手动作简单介绍状态继电器的作用。当启动信号 X0 有效时，机械手下降，下降到限位 X1 开始夹紧工件，夹紧到位信号 X2 为 ON 时，机械手上升，上升到上限 X3 则停止。整个过程可分为三步，每一步都用一个状态继电器 S20、S21、S22 记录。每个状态继电器都有各自的置位和复位信号（如 S21 由 X1 置位，X2 复位），并有各自要做的操作（驱动 Y0、Y1、Y2）。从启动开始由上至下随着状态动作的转移至下一状态动作，则上面状态自动返回原状。

导师说

状态继电器不与步进顺控指令 STL 配合使用时，可作为辅助继电器 M 使用。

2. 顺序功能图

顺序功能图 SFC 就是用状态来描述控制过程的流程图。顺序功能图有三种不同的基本结构；单序列结构、选择序列结构和并行序列结构。这里重点介绍单序列结构顺序功能图，如图 6-5 所示。

顺序功能图主要的组成元素如表 6-5 所示。

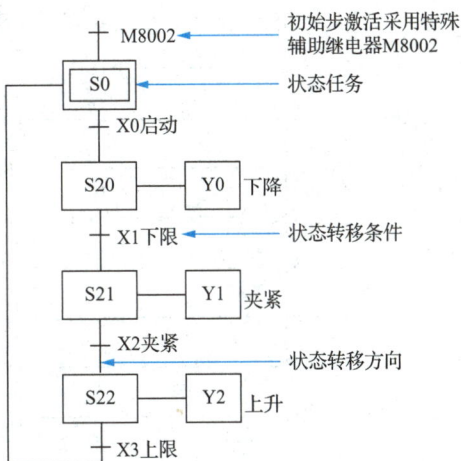

图 6-5　单序列结构顺序功能图

表 6-5　顺序功能图主要组成元素

组成元素	功能	备注
状态任务	本状态该做什么,分为初始状态、活动状态和静止状态	如图 6-4 所示,S0 为初始状态,启动 X0 后,S20 为活动状态,将执行本步操作,后面未工作的 S21、S22 都是静止状态
状态转移条件	满足本条件就转到下一个状态	两个状态之间的切换可用一个有向线段表示,代表向下转移的有向线段箭头可省略。如图 6-4 所示,X0、X1、X2、X3 都为状态转移条件
状态转移方向	转移到什么状态去	—

3．步进顺控指令

步进指令有两条:STL（步进开始指令）和 RET（步进返回指令）,其助记符、名称及功能如表 6-6 所示。

表 6-6　步进顺控指令

助记符	指令名称	功能	操作元件
STL	步进开始指令	建立新的子母线	状态继电器 S
RET	步进返回指令	使子母线返回到原来左母线的位置	无

把如图 6-5 所示的顺序功能图用步进顺控指令编写成步进梯形图和指令表,如图 6-6 所示。

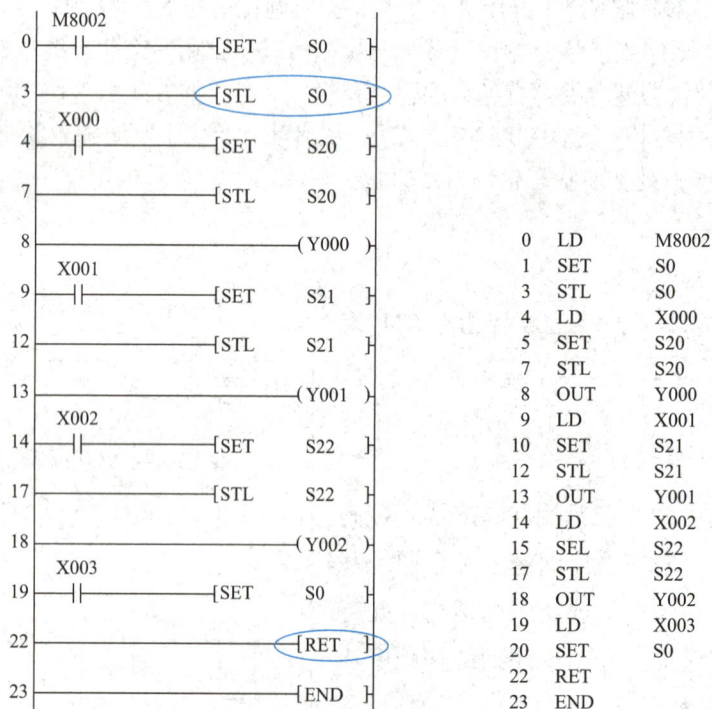

图 6-6　步进梯形图及指令表

导师说

> 用步进指令STL编写梯形图时,同一线圈可以在不同的步进指令STL触点后(即不同程序段) 多次使用,在同一步进指令STL触点后（即同一程序段中），同一状态继电器只能使用一次。

6.2.2　设计机械手的PLC控制程序

分析机械手的控制任务，整个机械手搬运机构需要完成以下10步动作：复位、机械臂伸出、手臂下降、手爪夹紧、手臂上升、机械臂缩回、机械臂右旋转、机械臂伸出、手臂下降、手爪放松后再回原位。为了使编程设计条理更清晰，可以采用顺序功能图和步进顺控指令进行程序设计。

1.　机械手控制顺序功能图

机械手控制顺序功能图如图6-7所示。

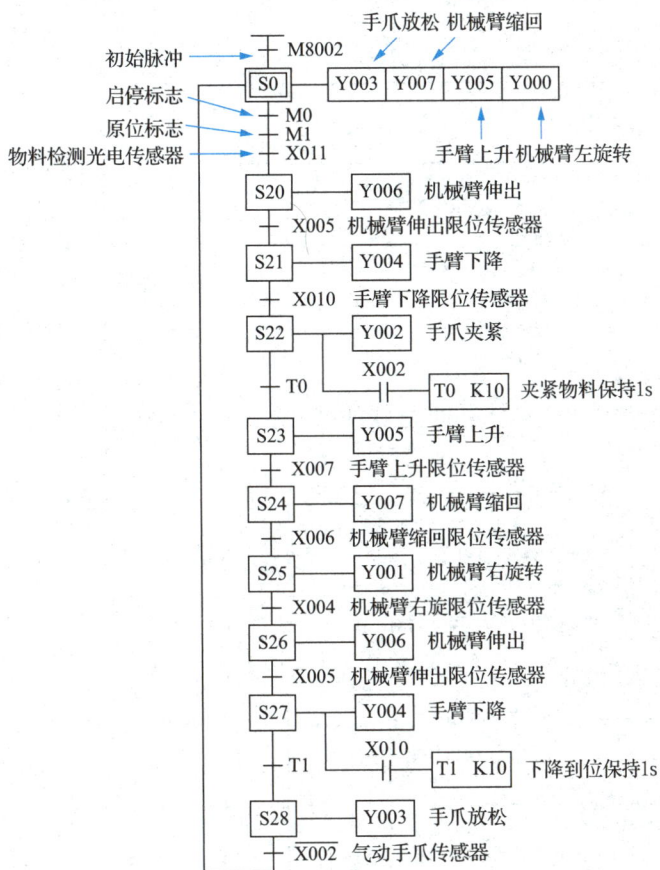

图6-7　机械手控制顺序功能图

2．梯形图

根据顺序功能图用步进顺控指令编写梯形图。

（1）机械手启停参考程序（图6-8）

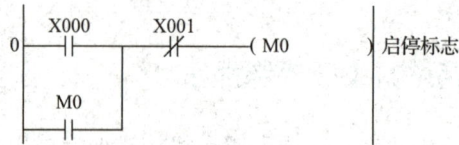

图6-8　机械手启停参考程序

（2）机械手初始化参考程序（图6-9）

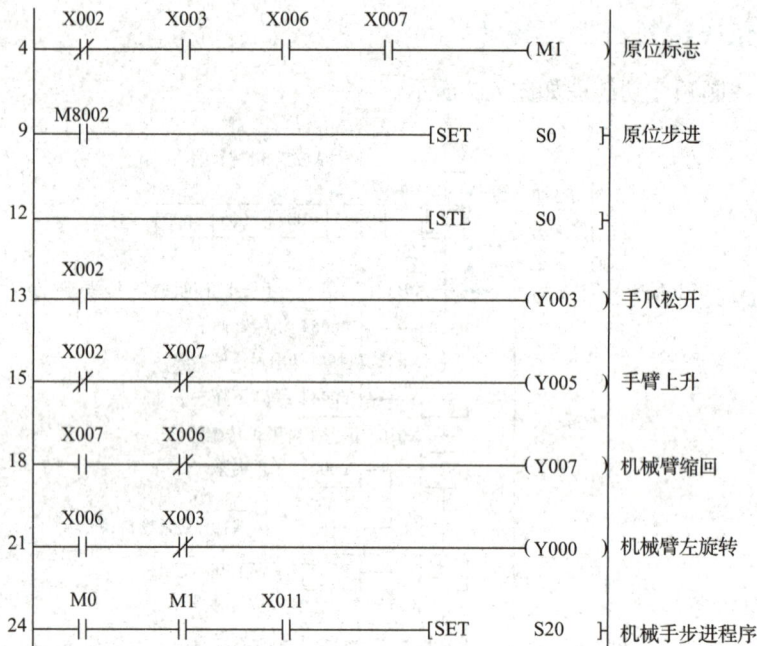

图6-9　机械手初始化参考程序

（3）机械手步进参考程序（图6-10）

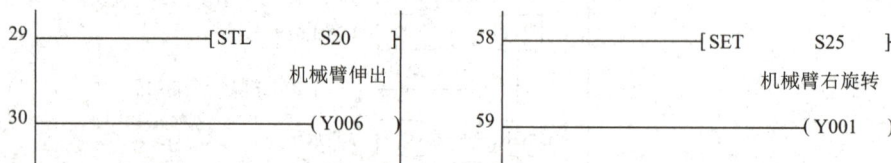

图6-10　机械手步进参考程序

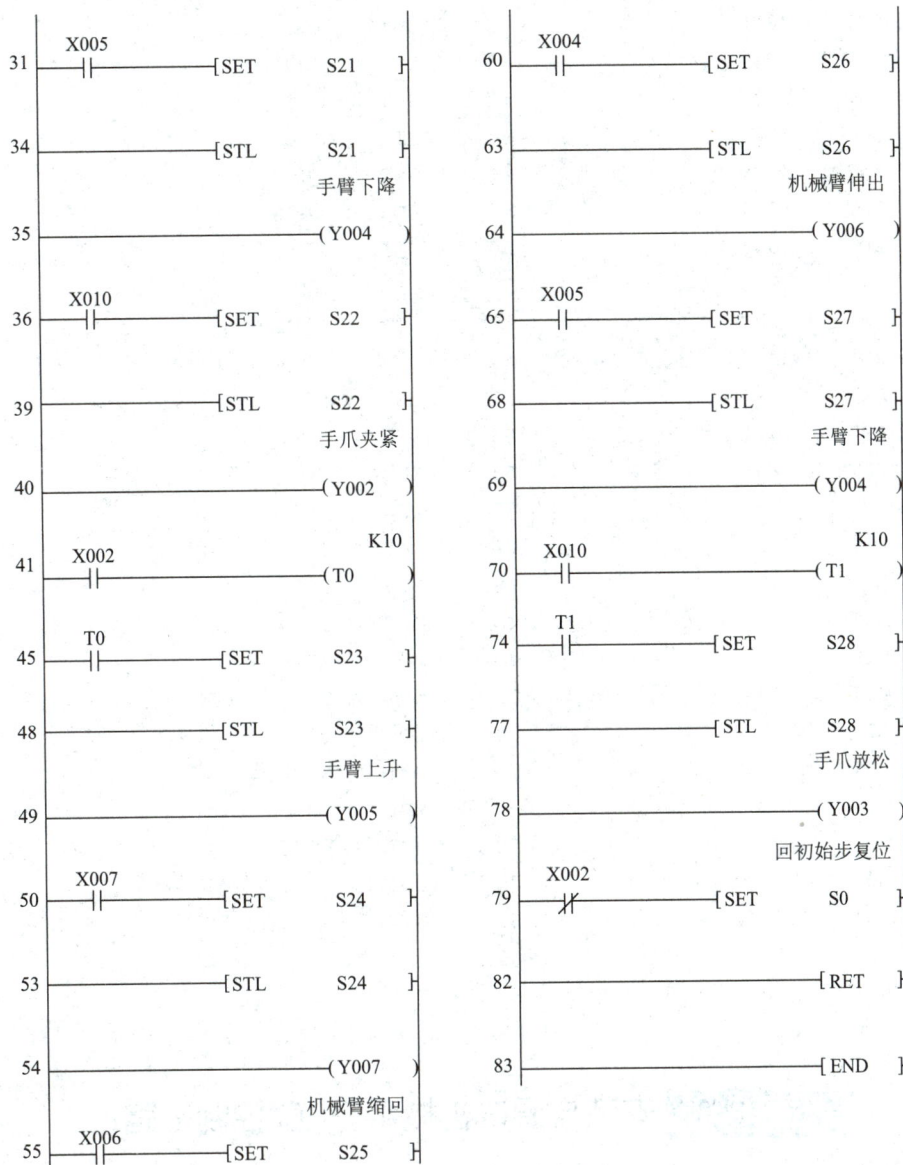

```
31  X005 ──[SET   S21]        60  X004 ──[SET   S26]
34       ──[STL   S21]        63       ──[STL   S26]
              手臂下降                        机械臂伸出
35       ──(Y004)             64       ──(Y006)
36  X010 ──[SET   S22]        65  X005 ──[SET   S27]
39       ──[STL   S22]        68       ──[STL   S27]
              手爪夹紧                        手臂下降
40       ──(Y002)             69       ──(Y004)
                    K10                            K10
41  X002 ──(T0)               70  X010 ──(T1)
45  T0   ──[SET   S23]        74  T1   ──[SET   S28]
48       ──[STL   S23]        77       ──[STL   S28]
              手臂上升                        手爪放松
49       ──(Y005)             78       ──(Y003)
50  X007 ──[SET   S24]                  回初始步复位
53       ──[STL   S24]        79  X002 ──[SET   S0]
54       ──(Y007)             82       ──[RET]
              机械臂缩回          83       ──[END]
55  X006 ──[SET   S25]
```

图 6-10（续）

3．指令表

0	LD	X000		7	AND	X007
1	OR	M0		8	OUT	M1
2	ANI	X001		9	LD	M8002
3	OUT	M0		10	SET	S0
4	LDI	X002		12	STL	S0
5	AND	X003		13	LD	X002
6	AND	X006		14	OUT	Y003

```
15 LDI  X002      49 OUT  Y005
16 ANI  X007      50 LD   X007
17 OUT  Y005      51 SET  S24
18 LD   X007      53 STL  S24
19 ANI  X006      54 OUT  Y007
20 OUT  Y007      55 LD   X006
21 LD   X006      56 SET  S25
22 ANI  X003      58 STL  S25
23 OUT  Y000      59 OUT  Y001
24 LD   M0        60 LD   X004
25 AND  M1        61 SET  S26
26 AND  X011      63 STL  S26
27 SET  S20       64 OUT  Y006
29 STL  S20       65 LD   X005
30 OUT  Y006      66 SET  S27
31 LD   X005      68 STL  S27
32 SET  S21       69 OUT  Y004
34 STL  S21       70 LD   X010
35 OUT  Y004      71 OUT  T1   K10
36 LD   X010      74 LD   T1
37 SET  S22       75 SET  S28
39 STL  S22       77 STL  S28
40 OUT  Y002      78 OUT  Y003
41 LD   X002      79 LDI  X002
42 OUT  T0   K10  80 SET  S0
45 LD   T0        82 RET
46 SET  S23       83 END
48 STL  S23
```

任务 6.3　安装与调试机械手 PLC 控制电路

6.3.1　了解气缸、电磁阀和传感器

1. 气缸

气缸是气动装置的关键执行部件，这里讲的气缸跟汽车上用的发动机气缸原理是一样的，只是形状和作用不同。常用的小型气缸有如下几种。

（1）双作用单杆气缸

如图 6-11 所示，双作用单杆气缸是在相反的两个方向都要输出作用力，一端进气推动气缸伸出，另一端进气可推动气缸缩回，压缩空气可以在两个方向上做功。由于气缸活塞的往返运动全部靠压缩空气来完成，因此称为双作用气缸。双作用单杆气缸

是一侧有一条活塞杆伸出。该种气缸可用于机械手提升气缸。

（2）双作用双杆气缸

双作用双杆气缸，常用于精度要求比较高的场合。双作用双杆气缸有两个进气孔，气缸的一侧有两条活塞杆伸出，该种气缸可用于机械手伸缩气缸，如图6-12所示。

图6-11   双作用单杆气缸

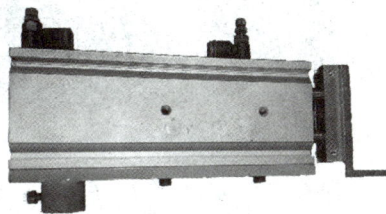

图6-12   双作用双杆气缸

（3）旋转气缸

如图6-13所示，旋转气缸是利用压缩空气驱动轴在一定范围内做往返摆动的一种气缸。旋转气缸按结构特点可分为叶片式和齿轮式两大类。旋转气缸有两个进气孔，当一个进气孔进气时，气缸向一个方向摆动；当另一个进气孔进气时，气缸则向另一个方向摆动，该种气缸可用于机械手旋转气缸。

（4）手指夹持气缸

如图6-14所示，手指气缸又称为手爪气缸，气动手爪的开闭通过由气缸活塞产生的往返直线运动带动连杆、滚轮、齿轮等机构，驱动各个手爪同步做松开、抓紧动作。手指夹持气缸是气动机械手的重要部件，机械手用于抓取工件的就是手指夹持气缸。

图6-13   旋转气缸

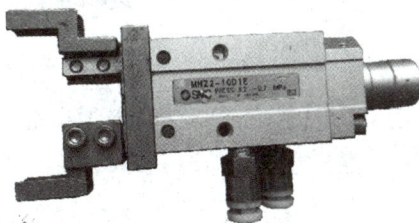

图6-14   手指夹持气缸

2. 电磁阀

电磁阀是气动装置中用于控制气缸动作的重要元件。YL-235A控制气缸伸出缩回的器件就是电磁阀（也称为电磁换向阀）。它利用电磁线圈通电时产生的电磁吸力使阀芯改变位置实现换向，电磁阀主要由电磁部分和阀体部分组成。根据电磁阀控制线圈的不同，分为单线圈电磁阀和双线圈电磁阀。

单线圈电磁阀只有一个电磁线圈，当电磁阀线圈通电时，阀芯动作，切换气路；当电磁阀线圈断电时，阀芯在复位弹簧的作用下使气路复位。单线圈电磁阀初始位置

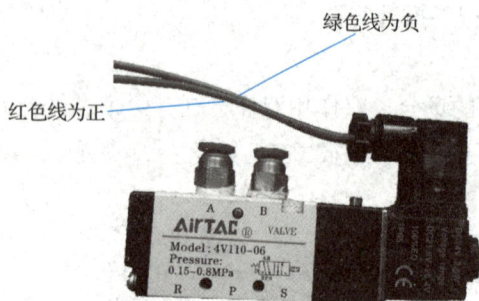

图 6-15　单线圈电磁阀

是固定的，只能控制一个方向，如图 6-15 所示。

双线圈电磁阀有两个线圈：一个正动作线圈，一个反动作线圈。当给正动作线圈通电时，正动作气路通气，随后即使给正动作线圈断电正动作气路仍然保持接通。当给反动作线圈通电时，反动作气路通气，随后即使给反动作线圈断电反动作气路也仍然保持接通。

如图 6-16 所示，双线圈电磁阀的初始位置是任意的，可以随意控制两个位置。本项目中机械手的旋转气缸、机械手伸缩气缸、提升气缸和手指夹持气缸都是通过双线圈电磁阀来控制的。

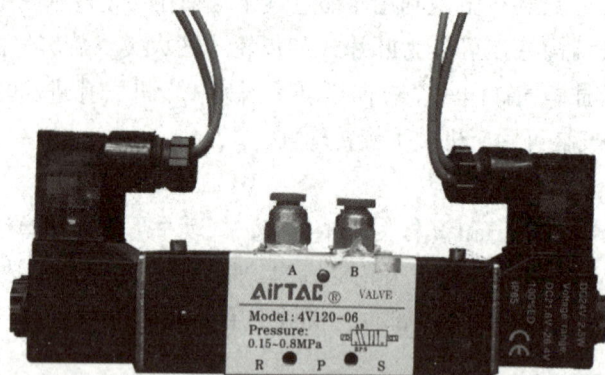

图 6-16　双线圈电磁阀

电磁阀阀组是把所有电磁阀集束为一个单元，并将其内部各个电磁阀的进气口、排气口连通，气路连接时只需一根引气管连接其进气口即可，如图 6-17 所示。

图 6-17　电磁阀阀组

3．传感器

气缸工作时到底是伸出状态还是缩回状态可以用肉眼观察出来，但是 PLC 没有眼睛，因此在机械手上使用电感传感器和磁性传感器，来判断气缸的状态。

（1）电感传感器

电感传感器能非接触式地检测金属目标，当有金属类物体靠近时，它就能产生输出信号。机械手上用的电感传感器有两个，分别用于检测手臂左旋到位和右旋到位，型号为 NSN4-12M60-E0，电感传感器接线图如图 6-18 所示。

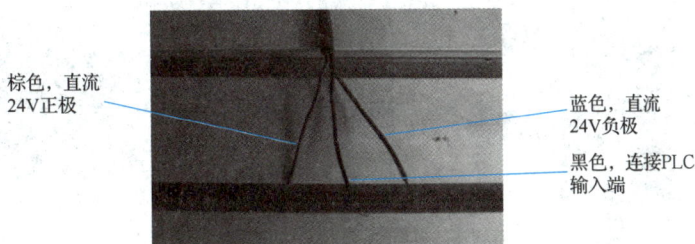

棕色，直流
24V正极

蓝色，直流
24V负极

黑色，连接PLC
输入端

图 6-18　电感传感器接线图

导师说

我们国家在载人航天、探月探火、深海深地探测等多个领域取得重大成果，进入创新型国家行列。传感器种类繁多，被广泛应用在各个科技领域中。使用电感传感器时需要注意：电感传感器安装时与被检测物体间距离为 2～4mm，不能太近也不能太远。

（2）磁性传感器

磁性传感器用于机械手上各个气缸的位置检测。机械手上用了三种磁性传感器：D-Z73、D-C73 和 D-Y59B。D-Z73 用于机械手伸缩位置检测；D-C73 用于升降气缸的位置检测；D-Y59B 用于手爪抓紧的信号检测。

导师说

磁性传感器的接线较简单，为两线式开关。棕色连接信号输入端，蓝色连接输入 COM 端，如图 6-19 所示。

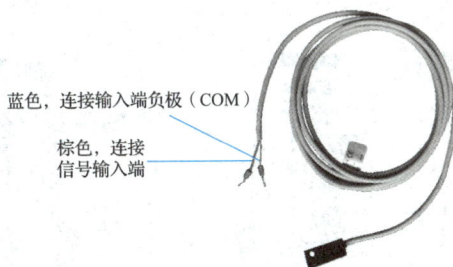

蓝色，连接输入端负极（COM）

棕色，连接
信号输入端

图 6-19　磁性传感器

6.3.2 安装与调试机械手的 PLC 控制系统

1. 安装机械手的 PLC 控制系统

（1）机械安装

1）安装旋转气缸。如图 6-20 所示，将旋转气缸的两个节流阀连接上后，固定在安装支架上。固定节流阀时保证连接可靠、密封，又不能用力过大，以免损坏节流阀。

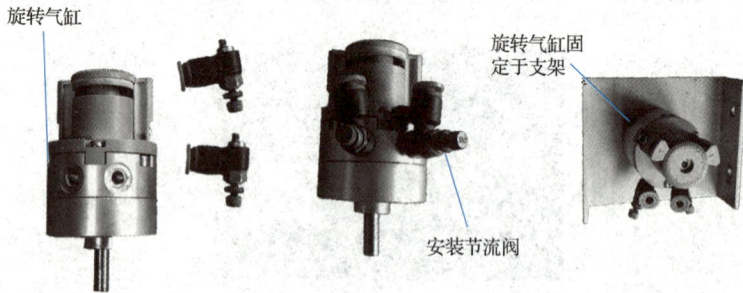

图 6-20　安装旋转气缸

2）组装机械手支架。如图 6-21 所示，将旋转气缸的支架固定在机械手垂直主支架上，注意两主支架的垂直度、平行度，最后装上弯脚支架。

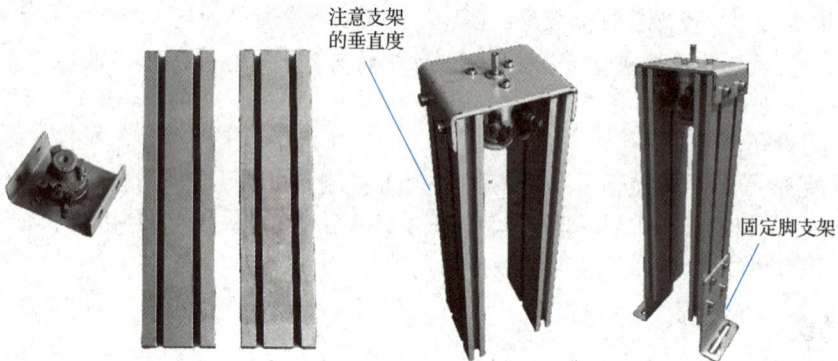

图 6-21　组装机械手支架

3）组装机械手手臂，如图 6-22 所示。

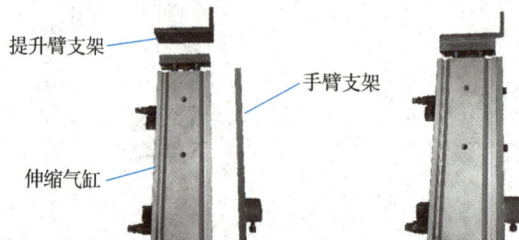

图 6-22　组装机械手手臂

4）组装提升臂，如图 6-23 所示。

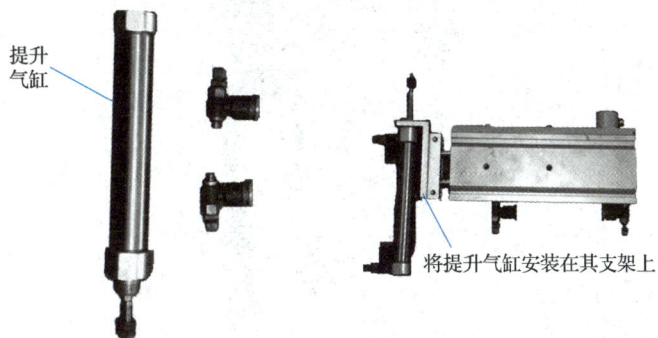

提升
气缸

将提升气缸安装在其支架上

图 6-23　组装提升臂

5）安装手爪，如图 6-24 所示。

固定手爪

图 6-24　安装手爪

6）固定磁性传感器，如图 6-25 所示。

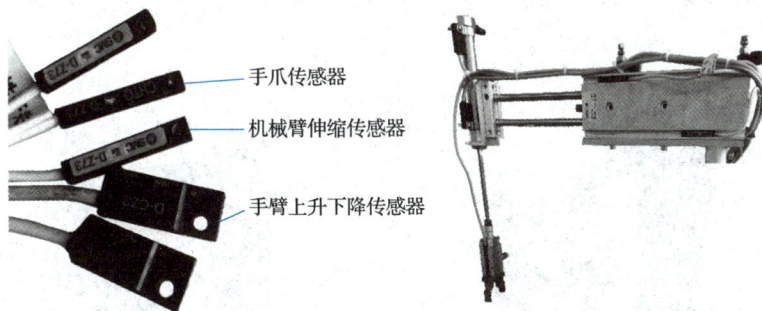

手爪传感器

机械臂伸缩传感器

手臂上升下降传感器

图 6-25　固定磁性传感器

7）手臂固定在旋转气缸上，如图 6-26 所示。

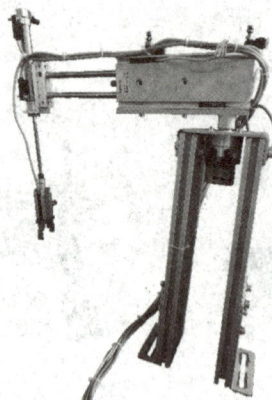

图 6-26　手臂固定在旋转气缸上

8）固定左右限位装置，如图 6-27 所示。

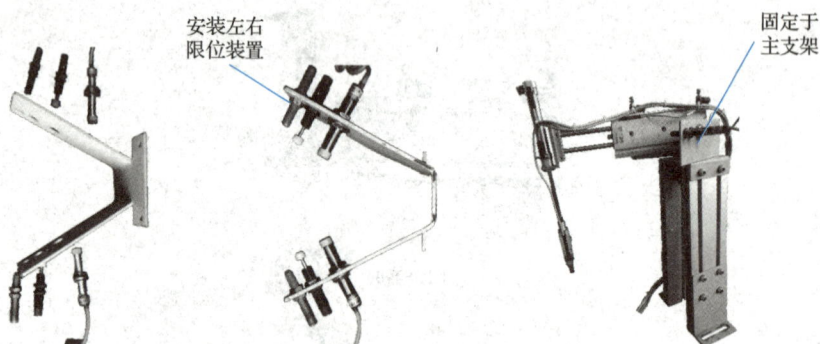

安装左右
限位装置

固定于
主支架

图 6-27　固定左右限位装置

9）固定机械手、出料口及物料盘，如图 6-28 所示。

注意调整机械手高度，保证能准确无误地从出料口抓取物料，调试时避免手爪撞击物料盘。

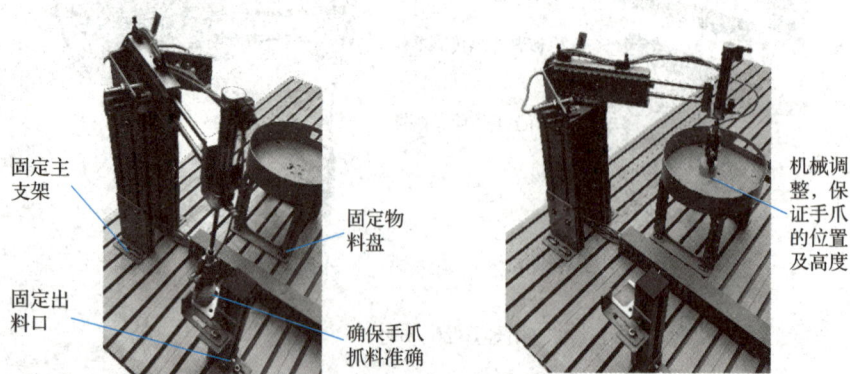

固定主
支架

固定物
料盘

固定出
料口

确保手爪
抓料准确

机械调
整，保
证手爪
的位置
及高度

图 6-28　固定机械手、出料口及物料盘

10）固定电磁阀阀组，如图 6-29 所示。

（2）电路连接

电路连接应符合工艺、安全规范要求，所有导线应置于线槽内，导线与端子排连接时，应套线号管并及时编号，避免出现错乱。

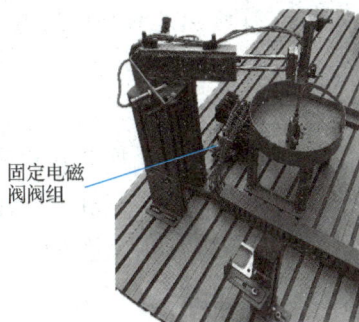

固定电磁阀阀组

图 6-29　固定电磁阀阀组

1）连接电磁阀电路。如图 6-30 所示，将电磁阀的引出线连接至端子排，再根据 I/O 接线图将端子排与 PLC 模块相应输出信号端子相连接。

若正负极接反，电磁阀线圈的指示灯不亮

图 6-30　连接电磁阀电路

2）连接传感器电路。如图 6-31 所示，将传感器的引出线连接至端子排，再根据 I/O 接线图将端子排与 PLC 模块相应输入信号端子相连接。

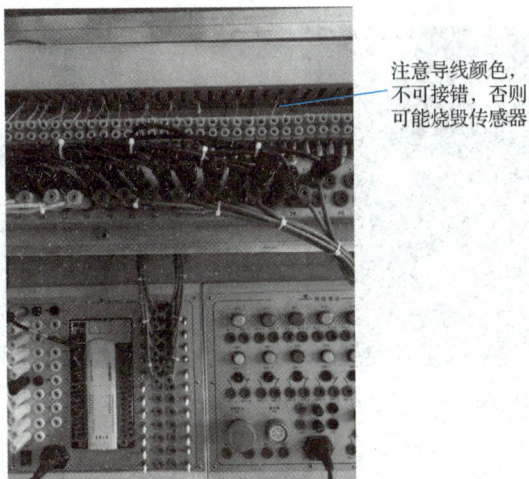

注意导线颜色，不可接错，否则可能烧毁传感器

图 6-31　连接传感器电路

3）连接启动按钮和停止按钮。

4）连接 PLC 模块电源电路。

5）检查电路。

（3）气路连接

1）连接气源，如图 6-32 所示。

2）用气管将各气缸的节流阀分别与控制它的电磁阀进行连接。

如图 6-33 所示，整理固定气管，气管留有一定长度，保证机械手正常动作，气管通路美观、紧凑。

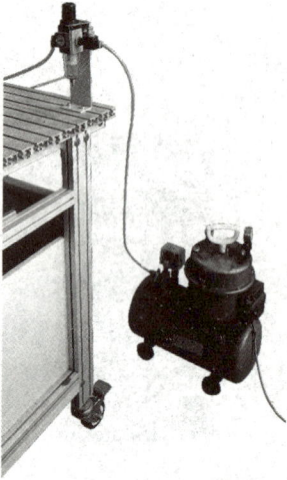

图 6-32　连接气源

图 6-33　连接气路

3）封闭未用电磁阀的气路通道，如图 6-34 所示。

安装完成后的机械手 PLC 控制系统，如图 6-35 所示。

图 6-34　封闭未用电磁阀气路通道

图 6-35　安装完成后的机械手 PLC 控制系统

2．下载及调试程序

把机械手的 PLC 控制程序写入 PLC，核对外部接线，将 PLC 的"STOP/RUN"开关置于"RUN"位置。

（1）空载调试

断开输出负载回路电源，按下启动按钮，拨动物料检测传感器和其他传感器对应的扭子开关，观察 PLC 输出指示灯的状态。

（2）气动回路手动调试

接通空气压缩机电源，启动空气压缩机，等待气源充足。

1）将气源压力调整到 0.4 ~ 0.5MPa，开启气动二联件上的阀门供气，观察有无漏气。

2）对机械手各动作进行手动调试，若出现异常现象应关闭气源再排除故障。

（3）传感器调试

1）将物料放在物料检测传感器旁，观察 PLC 输入指示灯。

2）手动调试各气缸动作到位，观察各限位传感器对应的 PLC 输入指示灯。

3）机械手回复至初始位置。

（4）联机调试

以上模拟调试正常后，接通 PLC 输出负载的电源便可联机调试，观察机械手动作是否符合控制要求。

项目评价

项目评价由三部分组成，即学生自评、小组评价和教师评价。

项目检查与评价

序号	评价内容	配分	评价标准	学生评价	教师评价
1	实训器材准备	5	（1）工具准备完整性（是□2分） （2）设备、仪表、材料准备完整性（是□3分）		
2	设计机械手的 PLC 控制电路	15	（1）分析机械手搬运机构动作（是□5分） （2）分配 I/O 地址（是□5分） （3）绘制 I/O 接线图（是□5分）		
3	设计机械手的 PLC 控制程序	20	（1）启动 GX Develope、创建、保存新工程(是□2分) （2）分析机械手控制顺序功能图（是□5分）（3）编写机械手的梯形图程序（是□8分） （4）变换、检查程序（是□2分） （5）梯形图逻辑测试（是□3分）		
4	安装机械手的 PLC 控制系统	30	（1）机械安装（是□10分） （2）电路连接（是□12分） （3）气路连接（是□8分）		
5	调试机械手的 PLC 控制系统	22	（1）下载程序（是□2分） （2）空载调试（是□5分） （3）气动回路手动调试（是□5分） （4）传感器调试（是□5分） （5）联机调试（是□5分）		
6	安全与文明生产	8	（1）环境整洁（是□2分） （2）工具、仪表摆放整齐（是□3分） （3）遵守安全规程（是□3分）		

拓展提高　机械手及气动装置的应用

1. 机械手的用途

　　机械手通常用于机床或其他机器的附加装置，广泛应用于自动机床或自动生产线上装卸和传递工件、加工中心更换刀具等。机械手按驱动方式可分为液压式、气动式、电动式、机械式；按适用范围可分为专用机械手和通用机械手两种；按运动轨迹控制方式可分为点位控制机械手和连续轨迹控制机械手等。

　　在机械制造业中随处可见机械手，如汽车制造、舰船制造及某些家电产品（电视机、电冰箱、洗衣机）的制造，化工等行业自动化生产线中的点焊、弧焊、喷漆、切割、电子装配及物流系统的搬运、包装等。

2. 气动装置的应用

　　1）气动装置在电子、半导体制造行业的应用。在彩电、冰箱等家用电器产品的装配生产线上，在半导体芯片、印制电路等各种电子产品的装配流水线上，不仅可以看到各种大小不一、形状不同的气缸、气爪，还可以看到许多灵巧的真空吸盘将一般气爪很难抓起的显像管、纸箱等物品稳稳地吸住，运送到指定位置上。

　　2）气动装置在汽车制造行业的应用。现代汽车制造工厂的生产线，尤其是主要工艺的焊接生产线，几乎无一例外地采用了气动技术。例如，车身在每个工序的移动；车身外壳被真空吸盘吸起和放下，在指定工位的夹紧和定位；点焊机焊头的快速接近、减速软着陆后的变压控制点焊，都采用了各种特殊功能的气缸及相应的气动控制系统。高频率的点焊、力控的准确性及完成整个工序过程的高度自动化，堪称最有代表性的气动技术应用之一。另外，搬运装置中使用的高速气缸（最大速度达 3m/s）、复合控制阀的比例控制技术都代表了当今气动技术的新发展。

　　3）气动装置在自动化包装中的应用。气动装置广泛应用于化肥、化工、粮食、食品、药品等许多行业，实现粉状、粒状、块状物料的自动计量包装；用于烟草工业的自动卷烟和自动包装等许多工序；用于对黏稠液体（如油漆、油墨、化妆品等）和有毒气体（如煤气等）的自动计量灌装。

检测与反思

基础题

1. 填空题

　　（1）状态继电器 S10～S19 的功能是_____。

　　（2）SET 可以对_____操作，RET 可以对_____操作。

（3）STL指令只能用于_____。

2. 选择题

（1）对于STL指令后的状态S，OUT指令与（ ）指令具有相同的功能。

    A. OFF   B. SET   C. END   D. NOP

（2）SFC步进顺控图中，按流程类型分，主要有（ ）。

    A. 简单流程   B. 选择性分支   C. 并行性分支   D. 混合性分支

3. 简答题

写出下面顺序功能图对应的梯形图及指令表。

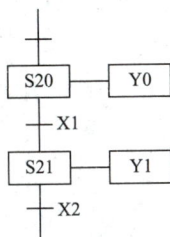

顺序功能图

提高题

根据下图所示状态图，用步进顺控指令写出控制梯形图及语句指令表。

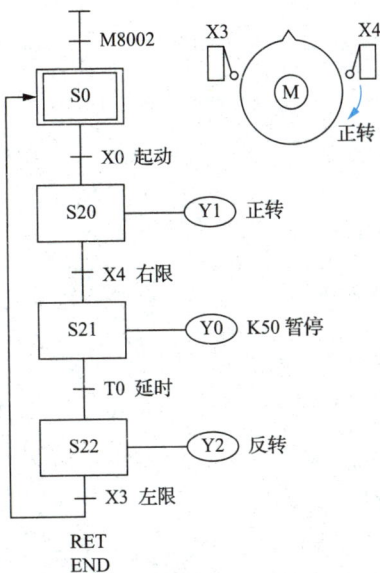

状态图

拓展题

设计题

有三个指示灯，按启动按钮后，要求如下。

1）第一个指示灯亮 10s 后，第二个指示灯再亮。

2）第二个指示灯亮 10s 后，第三个指示灯再亮。

3）三个指示灯同时亮 10s 后，全部熄灭。

4）10s 后，再开始循环工作，按下停止按钮后，指示灯全部熄灭。

运用步进顺控指令编写控制程序，要求绘出顺序功能图和梯形图，并写出指令语句表。

项目7 物料分拣系统的 PLC 控制

教学目标

素质目标

1. 培养学生良好的职业道德、敬业精神和社会责任心。
2. 培养学生具有安全、质量、效率、环保及服务意识。

知识目标

1. 认识传送机构和分拣机构。
2. 掌握选择分支的应用。
3. 掌握并行分支的应用。

能力目标

1. 能设计物料分拣系统的 PLC 控制电路。
2. 能利用软件 GX Developer 编写物料分拣的 PLC 控制梯形图。
3. 能对物料分拣系统的控制进行机械安装、电路连接和气路连接。
4. 能对物料分拣系统的 PLC 控制进行调试。

项目描述

工业控制注重过程自动化、效率化和精确化，为了提高物料运输的精确化。不同密度物料可采用不同的运输速度，提高运输效率。本项目所用物料传送与分拣机构由变频器控制的三相异步电动机拖动，可实现正反转变换，而且有高速、中速和低速三种速度来控制皮带传送速度的快慢。具体工作过程如下。

（1）上电复位

推料杆一、二、三处于缩回状态，传送带处于停止状态。

（2）启停控制

复位后，按下启动按钮，机构工作；按下停止按钮，机构完成当前工作循环后停止。

（3）传送功能

当传送带落料口的光电传感器检测到物料 0.5s 后，电动机低速正转，传送带自左向右输送物料，分拣完毕后停止运转，等待下一周期。

（4）分拣功能

1）分拣金属物料：当推料一传感器检测到金属物料 0.1s 后，推料一气缸动作，推料杆伸出，推出物料到料槽，伸出到位后缩回，缩回到位后停止运行，等待下一周期。

2）分拣白色物料：当推料二传感器检测到白色物料 0.1s 后，推料二气缸动作，推料杆伸出，推出物料到料槽，伸出到位后缩回，缩回到位后停止运行，等待下一周期。

3）分拣黑色物料：当推料三传感器检测到黑色物料 0.1s 后，推料三气缸动作，推料杆伸出，推出物料到料槽，伸出到位后缩回，缩回到位后停止运行，等待下一周期。

项目准备

为完成本项目的任务，需要准备如表 7-1 所示的工具、仪表及材料。

表 7-1　任务准备清单

名称	型号 / 规格	数量	备注	实物图
实训桌	1190mm×800mm×840mm	1 张	—	
可编程逻辑控制器	三菱 FX$_{2N}$-48MR	1 台	—	
电源模块	三相电源总开关（带漏电和短路保护）1 个，熔断器 3 只，单相电源插座 2 个，安全插座 5 个	1 套		
按钮模块	24 V/6 A、12 V/2 A 各一组；急停按钮 1 只，转换开关 2 只，蜂鸣器 1 只，复位按钮黄、绿、红各 1 只，自锁按钮黄、绿、红各 1 只，24V 指示灯黄、绿、红各 2 只	1 套		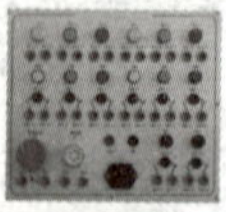
变频器模块	—	1 块		
皮带输送及物料分拣部件	三相减速电动机（380 V，输出转速 40r/min）1 台，平皮带 1355mm×49mm×2 mm 1 条，输送机构 1 套；单出杆气缸 3 只，金属传感器 1 只，光纤传感器 2 只，光电传感器 1 只，磁性开关 6 只，物件导槽 3 个，单控电磁换向阀 3 只	1 套		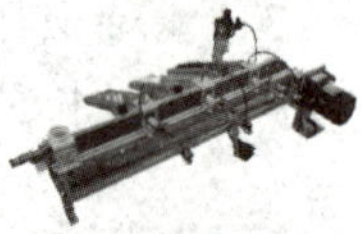
接线端子模块	接线端子和安全插座	1 套		
安全插线	—	若干		
气管	Φ4\Φ6	若干		
数据线	—	1 根	能连接计算机和三菱 PLC 实现通信	
电工工具套装		1 套	包含万用表、螺丝刀、剥线钳等常用电工工具	
计算机	台式机、笔记本均可	1 台	安装好软件 GX Developer	
空气压缩机	—	1 台	—	

工作流程图如图 7-1 所示。

电路原理图设计 → PLC程序设计 → 物料分拣系统电路安装 → 程序下载及调试

图 7-1　工作流程图

项目实施

任务 7.1　设计物料分拣系统的 PLC 控制电路

7.1.1　了解物料传送和分拣机构

物料传送和分拣机构如图 7-2 所示。

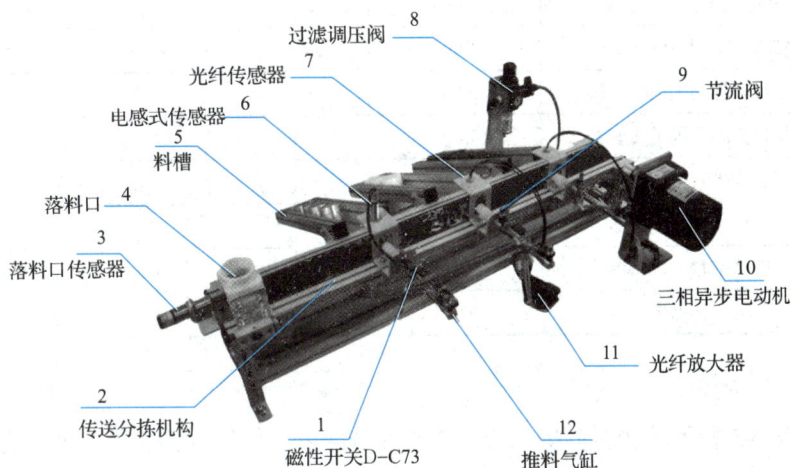

图 7-2　物料传送和分拣机构

整个物料分拣机构各部件功能如表 7-2 所示。

表 7-2　物料分拣机构各部件功能表

名称	功能	备注
落料口	物料落料位置定位	—
落料口传感器	检测是否有物料到传送带上	传送带有物料时，传感器有信号输出，指示灯亮，并给 PLC 一个输入信号
料槽	放置物料	—
推料气缸	将物料推入料槽	本项目由单线圈电磁阀控制
光纤传感器	检测不同颜色的物料	可通过调节光纤放大器来区分不同颜色的灵敏度
电感式传感器	检测金属材料	检测距离 3～5mm
三相异步电动机	驱动传送带转动	由变频器控制转速和方向

7.1.2　设计物料分拣系统的 PLC 控制电路

1.　分配 I/O 地址

根据任务要求确定输入 / 输出端口，物料分拣系统 I/O 地址分配如表 7-3 所示。

表 7-3　物料分拣系统 I/O 地址分配表

输入端（I）			输出端（O）		
序号	输入设备	端口编号	序号	输出设备	端口编号
1	启动按钮 SB1	X000	1	驱动推料一伸出	Y000
2	停止按钮 SB2	X001	2	驱动推料二伸出	Y001
3	推料一伸出限位传感器	X002	3	驱动推料三伸出	Y002
4	推料一缩回限位传感器	X003	4	驱动变频器	Y004
5	推料二伸出限位传感器	X004			
6	推料二缩回限位传感器	X005			
7	推料三伸出限位传感器	X006			
8	推料三缩回限位传感器	X007			
9	启动推料一传感器	X010			
10	启动推料二传感器	X011			
11	启动推料三传感器	X012			
12	落料口光电传感器	X013			

2. PLC 的 I/O 接线图

根据表 7-3 所示的物料分拣系统 I/O 地址分配表，绘制如图 7-3 所示的物料分拣系统 I/O 接线图。

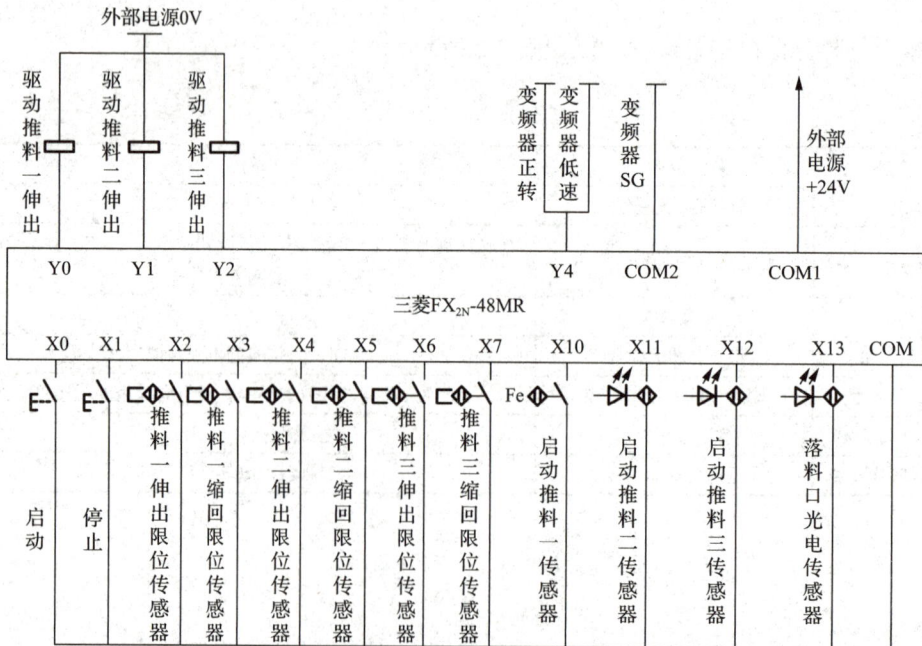

图 7-3　物料分拣系统 I/O 接线图

任务 7.2　设计物料分拣系统 PLC 控制程序

7.2.1　相关知识介绍

1．选择性分支

（1）选择性分支结构

从多个流程顺序中选择执行其中一个流程，称为选择性分支。图 7-4 就是一个选择性分支的顺序功能图。

在图 7-3 的选择性分支中，S20 为分支状态，X1 和 X4 在同一时刻最多只能有一个为接通状态。S20 为活动步时，输出 Y0，若 X1 接通，动作状态就向 S21 转移，S20 变为"0"状态；若 X4 接通，动作状态就向 S23 转移，S20 变为"0"状态。S25 为汇合状态，可由其中任意一个分支驱动。

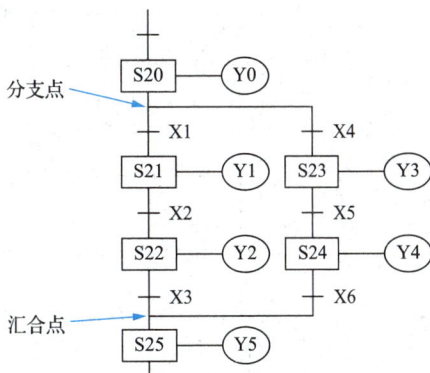

图 7-4　选择性分支结构的顺序功能图

（2）选择性分支、汇合的编程

编程原则是先集中处理分支状态，然后再集中处理汇合状态。

1）分支状态的编程。首先对 S20 进行驱动处理（OUT Y0），然后按 S21、S23 的顺序进行转移处理，分支状态的梯形图和指令表如图 7-5 所示。

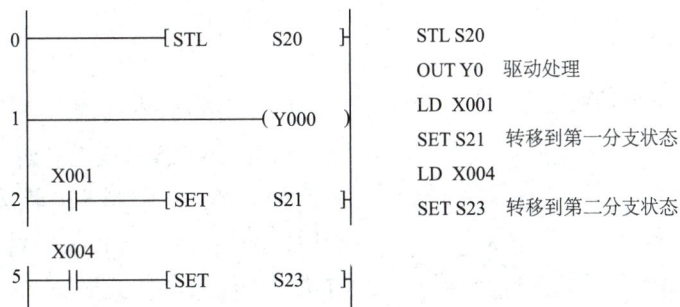

图 7-5　分支状态的梯形图和指令表

2）汇合状态的编程。编程方法是先进行汇合前各分支状态的驱动处理，再依顺序进行向汇合状态的转移处理。

依次将 S21、S23 的输出进行处理，然后按顺序进行从 S22（第一分支）、S24（第二分支）向 S25 的转移。汇合状态的梯形图和指令表如图 7-6 所示。

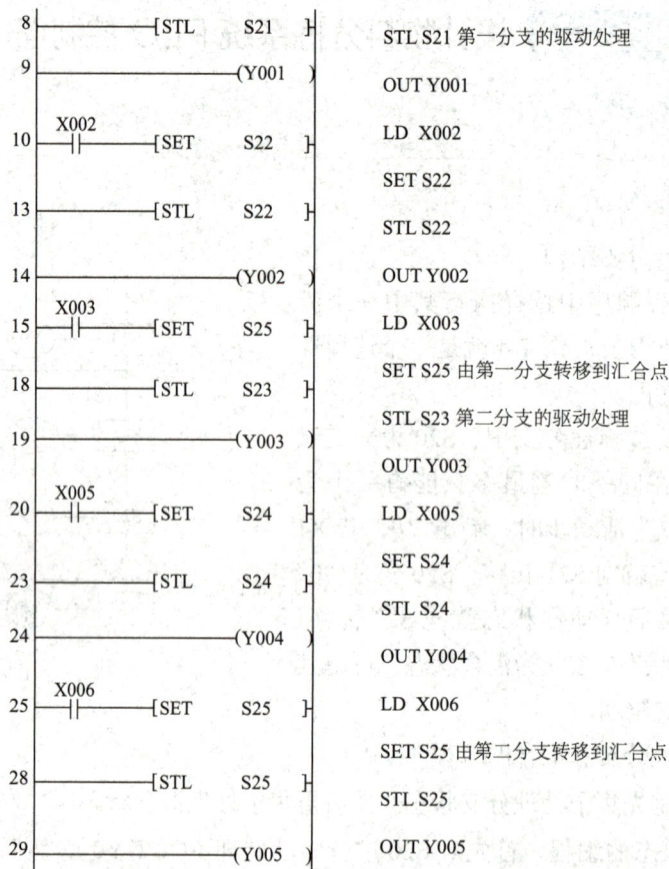

图 7-6　汇合状态的梯形图和指令表

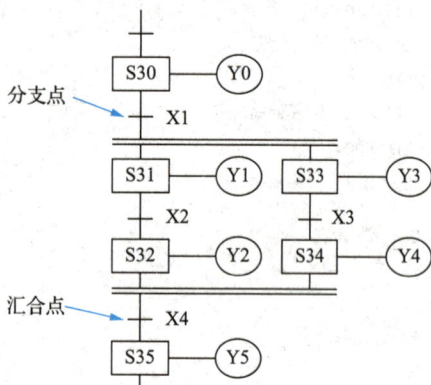

图 7-7　并行分支顺序功能图

2．并行分支

（1）并行分支结构

并行分支结构是指同时处理多个程序的流程。图 7-7 中当 S30 被激活成为活动步后，输出 Y0，若转换条件 X1 成立就同时执行下面两个分支程序。

S35 为汇合状态，由 S32、S34 两个状态共同驱动，当这两个状态都成为活动步且转换条件 X4 成立时，汇合转换成 S35 步。

（2）并行性分支、汇合的编程

1）分支状态的编程。首先对 S30 进行驱动处理（OUT Y0），进入并行分支处理后，用公共转移条件 X1 对各分支的首状态器 S31、S33 进行置位，分支状态的梯形图和指令表如图 7-8 所示。

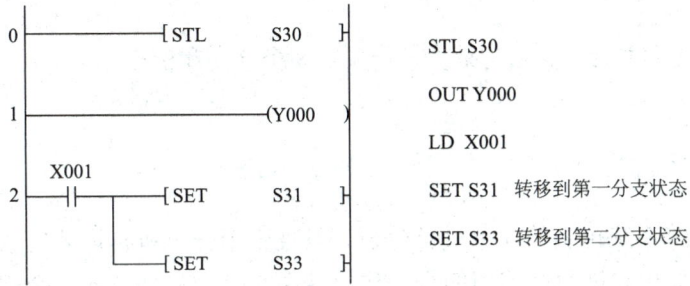

图 7-8　分支状态的梯形图和指令表

2）汇合状态的编程。编程方法是先进行汇合前各分支状态的驱动处理，再在分支汇合处将各分支最后一个状态器 S32、S34 串联，并串入其对应的转移条件 X4，转移到汇合点 S35。汇合状态的梯形图和指令表如图 7-9 所示。

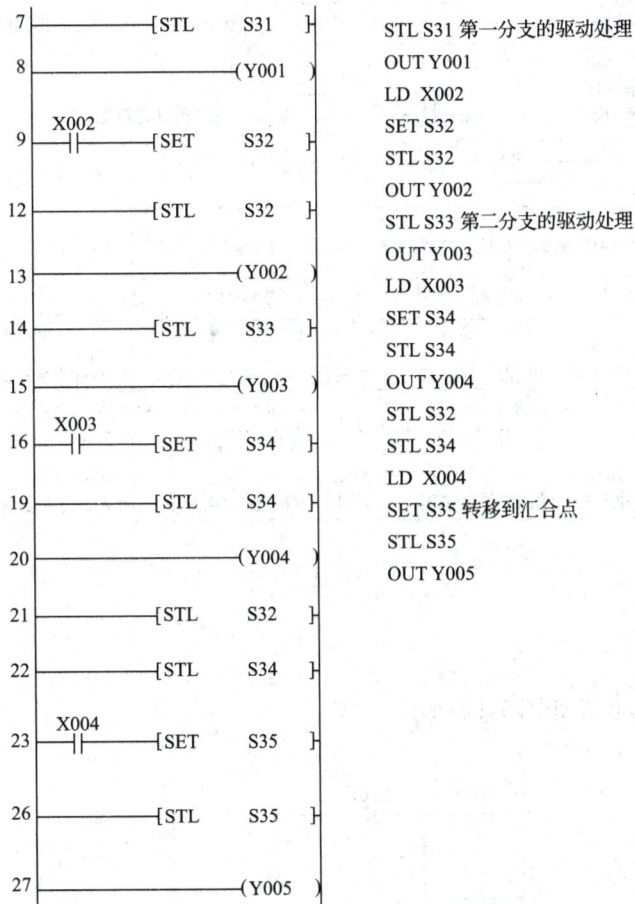

图 7-9　汇合状态的梯形图和指令表

导师说

选择分支和并行分支结构最多只能实现8个分支和汇合。

7.2.2 设计物料分拣系统 PLC 控制程序

对物料分拣系统控制的任务进行分析，发现整个分拣机构需要完成复位、传送带启动、推料杆伸出和推料杆缩回四个动作，其中三个推料杆分成三个选择分支。本项目所用电磁阀为单线圈电磁阀，推料杆的伸出和缩回用置位和复位指令来完成。为了使编程设计条理更清晰，可以采用步进顺控指令中的选择分支结构来进行程序设计。

1. 物料分拣系统顺序功能图（图7-10）

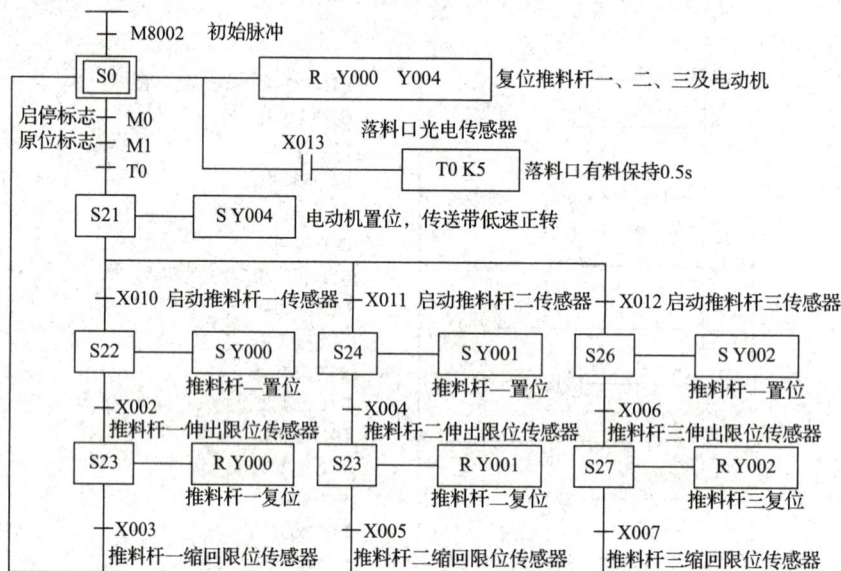

图 7-10 物料分拣系统顺序功能图

2. 梯形图

1）启停参考程序如图 7-11 所示。

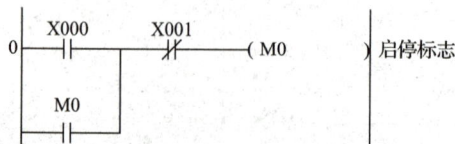

图 7-11 启停参考程序

2）初始化参考程序如图7-12所示。

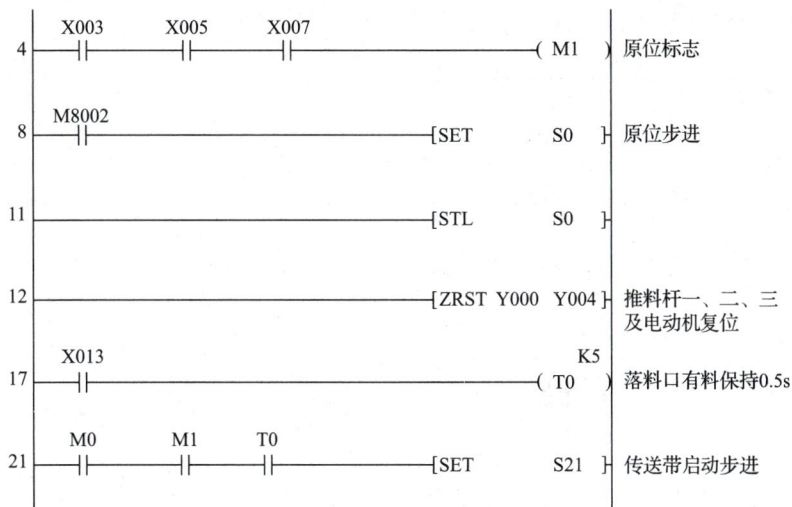

图7-12　初始化参考程序

3）传送带启动参考程序如图7-13所示。

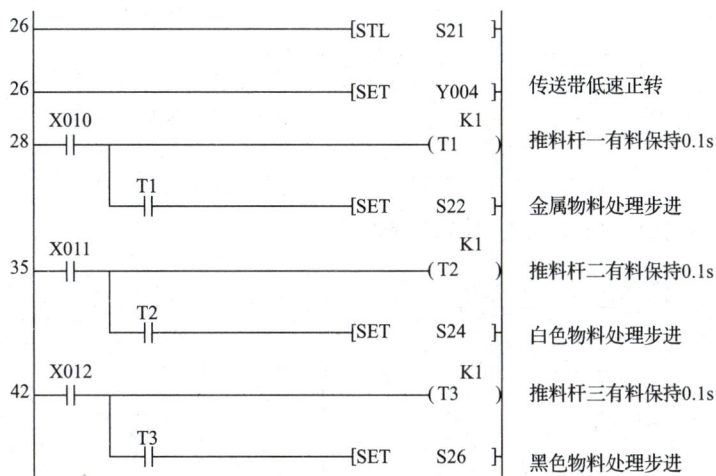

图7-13　传送带启动参考程序

4）金属物料处理参考程序如图7-14所示。

```
49 ─────────[STL    S22  ]

50 ─────────[SET    Y000 ]    推料杆一置位

      X002
51 ───┤├──────[SET    S23  ]

54 ─────────[STL    S23  ]

55 ─────────[RST    Y000 ]    推料杆一复位

      X003
56 ───┤├──────[SET    S0   ]    回到原位步，等待下一周期
```

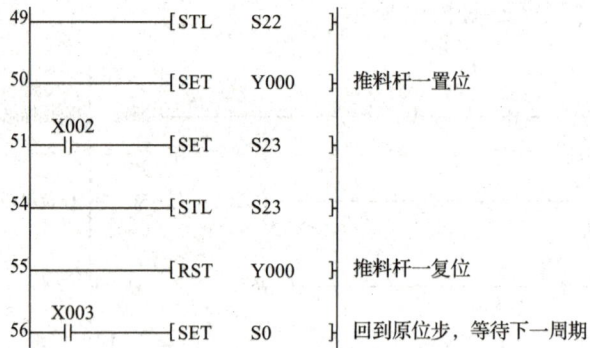

图 7-14　金属物料处理参考程序

5）白色物料处理参考程序如图 7-15 所示。

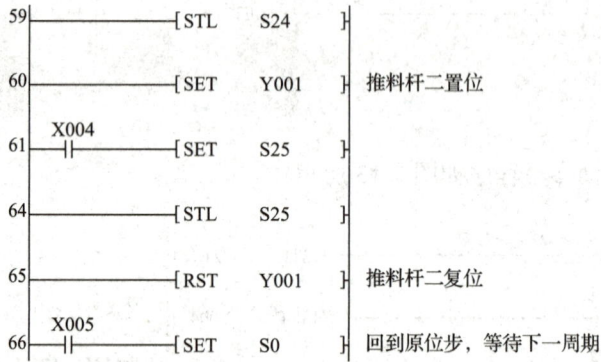

```
59 ─────────[STL    S24  ]

60 ─────────[SET    Y001 ]    推料杆二置位

      X004
61 ───┤├──────[SET    S25  ]

64 ─────────[STL    S25  ]

65 ─────────[RST    Y001 ]    推料杆二复位

      X005
66 ───┤├──────[SET    S0   ]    回到原位步，等待下一周期
```

图 7-15　白色物料处理参考程序

6）黑色物料处理参考程序如图 7-16 所示。

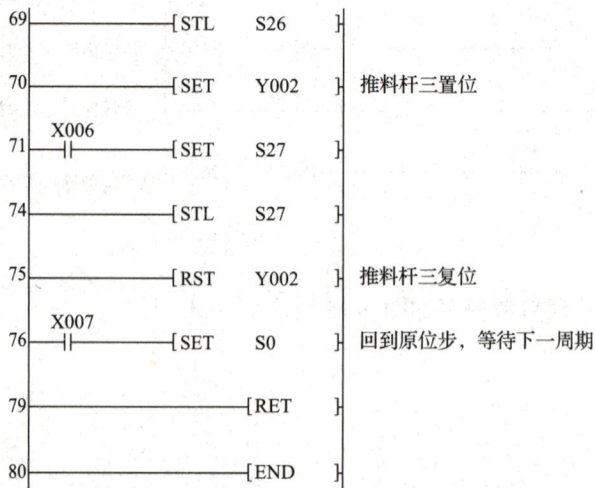

```
69 ─────────[STL    S26  ]

70 ─────────[SET    Y002 ]    推料杆三置位

      X006
71 ───┤├──────[SET    S27  ]

74 ─────────[STL    S27  ]

75 ─────────[RST    Y002 ]    推料杆三复位

      X007
76 ───┤├──────[SET    S0   ]    回到原位步，等待下一周期

79 ─────────────[RET  ]

80 ─────────────[END  ]
```

图 7-16　黑色物料处理参考程序

3．指令表

0	LD	X000		43	OUT	T3	K1
1	OR	M0		46	AND	T3	
2	ANI	X001		47	SET	S26	
3	OUT	M0		49	STL	S22	
4	LD	X003		50	SET	Y000	
5	AND	X005		51	LD	X002	
6	AND	X007		52	SET	S23	
7	OUT	M1		54	STL	S23	
8	LD	M8002		55	RST	Y000	
9	SET	S0		56	LD	X003	
11	STL	S0		57	SET	S0	
12	ZRST	Y000	Y004	59	STL	S24	
17	LD	X013		60	SET	Y001	
18	OUT	T0	K5	61	LD	X004	
21	LD	M0		62	SET	S25	
22	AND	M1		64	STL	S25	
23	AND	T0		65	RST	Y001	
24	SET	S21		66	LD	X005	
26	STL	S21		67	SET	S0	
27	SET	Y004		69	STL	S26	
28	LD	X010		70	SET	Y002	
29	OUT	T1	K1	71	LD	X006	
32	AND	T1		72	SET	S27	
33	SET	S22		74	STL	S27	
35	LD	X011		75	RST	Y002	
36	OUT	T2	K1	76	LD	X007	
39	AND	T2		77	SET	S0	
40	SET	S24		79	RET		
42	LD	X012		80	END		

任务 7.3 安装与调试物料分拣系统 PLC 控制

7.3.1 物料分拣系统安装与调试的相关知识

1．光纤传感器

光纤传感器是把发射器产生的光线用光纤引导到监测点，再把检测到的光信号用光纤返回到接收器来实现检测。从原理上讲，光纤传感器也属于光电传感器，只是光纤传感器以光纤为介质传输光信号，这样便于对较远区域的被检测物体实现检测，而且抗干扰能力强。在本项目中采用的光纤传感器为E3X-NA11，实物图如图7-17所示。

光纤传感器采用24V供电，放大器出来有三根线，其中棕色线连接电源24V正极；蓝色线连接电源负极；黑色线为信号线，将它连接到PLC输入端口上。

光纤传感器可以通过调节放大器的灵敏度来检测不同颜色的物体，用于识别黑白颜色。这里需要将光纤放大器调节为能识别白色塑料物件，而不能检测黑色物件的状态。调节光纤传感器的方法如图7-18所示。

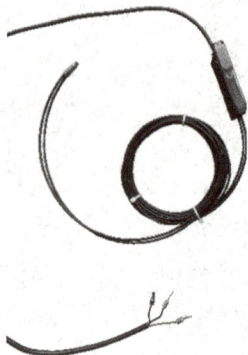

图7-17　光纤传感器实物图

图7-18　光纤传感器调节示意图

2. 传送带

传送带广泛地应用在生产生活中，例如，机场车站等地的水平传送带可以将人或货物从一个地方运送到另一个地方，煤炭等行业用传送带运送原料或产品，自动生产线上用传送带将产品从一个工位运送到另一个工位。

传送带工作需要靠电动机带动。电动机和传送带的连接形式有很多种，常见的有靠背轮式直接传动、皮带传动、齿轮传动、蜗杆传动、链传动和摩擦轮传动。

本项目中传送带和电动机的连接采用的是联轴器连接的直接传动方式。电动机和传送带连接如图7-19所示。

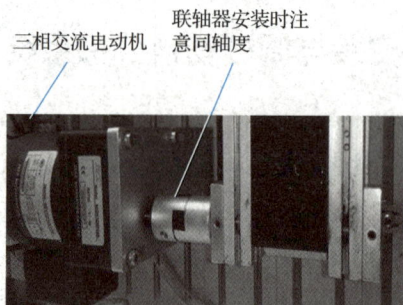

图7-19　电动机和传送带连接

7.3.2　安装与调试物料分拣系统 PLC 控制电路

1. 安装物料分拣系统

（1）机械安装

1）安装传送机构脚支架，如图 7-20 所示。

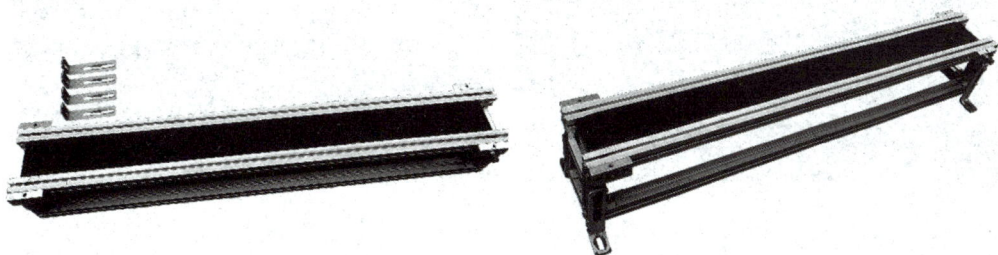

图 7-20　安装传送机构脚支架

2）固定落料口，如图 7-21 所示。

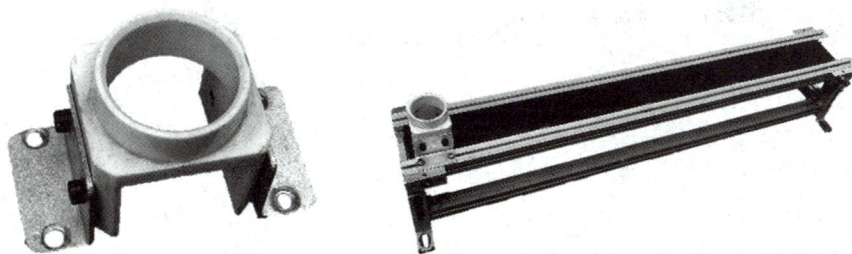

图 7-21　固定落料口

3）安装落料口传感器，如图 7-22 所示。

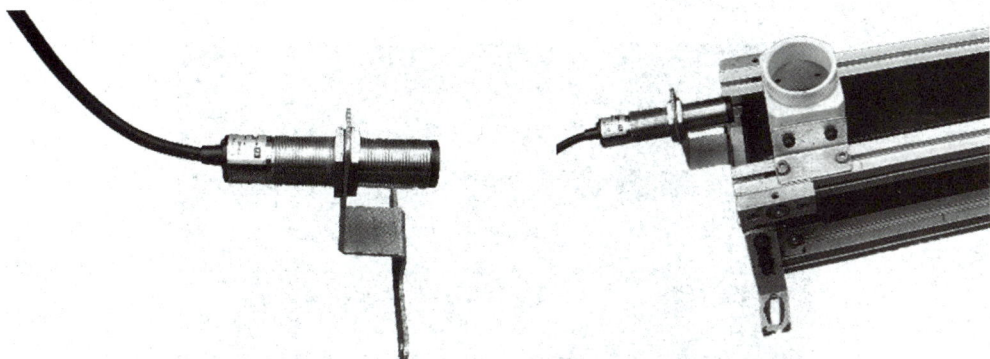

图 7-22　安装落料口传感器

4）固定传送机构，如图 7-23 所示。

5）组装推料气缸及料槽，如图 7-24 所示。

图 7-23 固定传送机构

图 7-24 组装推料气缸及料槽

6）安装启动推料传感器、电动机和电磁阀，如图 7-25 所示。

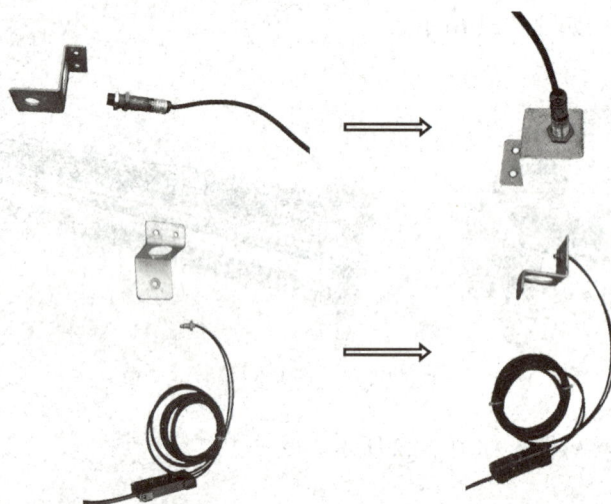

图 7-25 安装启动推料传感器、电动机和电磁阀

（2）电路连接

电路连接应符合工艺、安全规范要求，所有导线应置于线槽内，导线与端子排连接时，应套线号管并及时编号，避免出现错乱。

1）连接传感器至 PLC 模块输入端。将传感器的引出线连接至端子排，再根据电路图将端子排与 PLC 模块输入信号端子相连。本项目传感器分两线和三线传感器，连接时应注意颜色功能区分，不可接错。

2）连接电磁阀至 PLC 模块输出端。将三个单线圈电磁阀的引出线连接至端子排，再根据电路图将端子排与 PLC 模块输出信号端子相连。

3）连接电动机和变频器。将电动机的 U、V、W 和接地引出线连接至端子排，再从端子排分别连接到变频器模块上的 U、V、W 和接地端。

4）连接变频器至电源模块和 PLC 模块输出端。按照图 7-3 的 I/O 接线图，将变频器的正转启动 STF 和低速 RL 连接至 PLC 模块的 Y4，变频器的公共输入端 SD 连接至 PLC 模块输出端的 COM2；将变频器的三相电源输入 L1、L2、L3 分别连接至电源模块的 U、V、W，如图 7-26 所示。

5）连接启动按钮和停止按钮。

6）连接 PLC 模块电源电路。

7）检查电路。

（3）气路连接

1）连接气源。

2）用气管将各气缸的节流阀分别与控制它的电磁阀进行连接。

3）整理固定气管。

4）封闭未用电磁阀的气路通道。

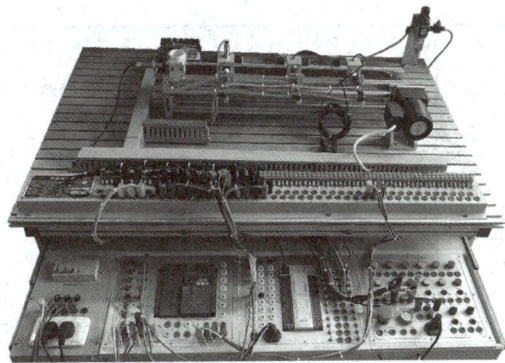

安装完成后的物料分拣 PLC 控制系统如图 7-27 所示。

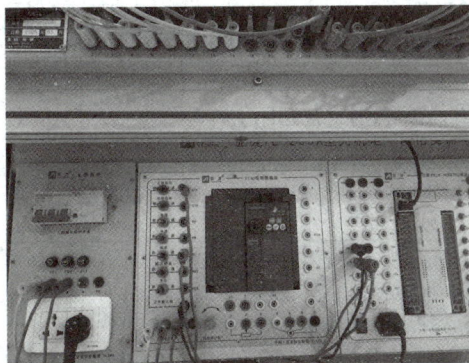

图 7-26 变频器与 PLC 模块、电源模块的连接   图 7-27 安装完成后的物料分拣 PLC 控制系统

2. 下载及调试程序

把已编写并变换好的程序梯形图写入 PLC，核对外部接线，将 PLC 的"STOP/RUN"开关置于"RUN"位置。

（1）空载调试

断开输出负载回路电源，按下启动按钮，拨动落料口检测传感器和其他传感器对应的扭子开关，观察 PLC 输出指示灯的状态。

（2）手动调试气动回路

1）接通空气压缩机电源，启动空气压缩机，等待气源充足。

2）将气源压力调整到 0.4～0.5MPa，开启气动二联件上的阀门供气，观察有无漏气。

3）手动调试三个推料气缸伸缩速度。

（3）调试传感器

调整传感器的位置，分别在落料口和三个启动推料传感器下放置相应物料，观察 PLC 的输入指示灯的状态。

（4）调试变频器

闭合变频器上的低速正转扭子开关，观察传送带运行情况，若运行方向不对，则关闭电源后对调三相电源 U、V、W 中的任意两根后再重新调试。

（5）联机调试

以上模拟调试正常后，接通 PLC 输出负载的电源回路，便可联机调试，观察整个传送分拣系统动作是否符合控制要求。

项目评价

项目评价由三部分组成，即学生自评、小组评价和教师评价。

项目检查与评价

序号	评价内容	配分	评价标准	学生评价	教师评价
1	实训器材准备	5	（1）工具准备完整性（是 □ 2分） （2）设备、仪表、材料准备完整性（是 □ 3分）		
2	设计物料分拣系统的 PLC 控制电路	15	（1）分析物料传送和分拣机构（是 □ 5分） （2）分配 I/O 地址（是 □ 5分） （3）绘制 I/O 接线图（是 □ 5分）		
3	设计物料分拣系统 PLC 控制程序	20	（1）启动 GX Develope、创建、保存新工程（是 □ 2分） （2）分析物料分拣系统顺序功能图（是 □ 5分）（3）编写物料分拣系统梯形图程序（是 □ 8分） （4）变换、检查程序（是 □ 2分） （5）梯形图逻辑测试（是 □ 3分）		
4	安装物料分拣系统	26	（1）机械安装（是 □ 10分） （2）电路连接（是 □ 10分） （3）气路连接（是 □ 6分）		

续表

序号	评价内容	配分	评价标准	学生评价	教师评价
5	下载及调试程序	26	（1）下载程序（是 □ 2分） （2）空载调试（是 □ 5分） （3）气动回路手动调试（是 □ 5分） （4）传感器调试（是 □ 5分） （5）调试变频器（是 □ 4分） （6）联机调试（是 □ 5分）		
6	安全与文明生产	8	（1）环境整洁（是 □ 2分） （2）工具、仪表摆放整齐（是 □ 3分） （3）遵守安全规程（是 □ 3分）		

拓展提高　自动分拣控制系统

近年来快递行业迅猛发展，自动化分拣输送系统可有效降低快递企业人工成本、土地成本及分拣差错、快递破损导致的成本。自动分拣控制系统是工业自动控制及现代物流系统的重要组成部分，可以实现物料连续分拣。自动化、信息化以及便利的系统集成是目前物流行业控制系统发展的方向。

自动分拣控制系统的电气控制部分由上位计算机、传感器、光电控制器以及变频器、电动机及继电器控制部分等构成。

自动分拣系统主要有如下特点。

1）能连续、大批量地分拣货物。由于采用流水线自动作业方式，自动分拣系统不受气候、时间、人的体力等的限制，可以连续运行，同时由于自动分拣系统单位时间内分拣件数比人工分拣高几十倍或者更高，大大提高了工作效率，减小了劳动强度。

2）分拣误差率极低。自动分拣系统的分拣靠光电传感器和接近开关，减少了分拣的误差。

3）能最大限度地减少人员的使用。分拣作业本身并不需要使用人员，人员的使用仅局限于系统出现故障和手动调试时。

4）运输皮带与变频器配合可选择最合适的输送速度。

检测与反思

基础题

（1）绘出下列指令表对应的梯形图，并判断该段程序包含哪几种类型的分支流程？

0	STL	S21	10	SET	S23
1	OUT	Y1	12	OUT	Y3
2	LD	X1	13	STL	S24

3	SET	S22		14	OUT	Y4
5	SET	S24		15	LD	X3
6	SET	S26		16	SET	S25
7	STL	S22		18	OUT	Y5
8	OUT	Y2		19	STL	S26
9	LD	X2		20	OUT	Y6
21	STL	S23		26	SET	S27
22	STL	S25		28	STL	S27
23	STL	S26		29	OUT	Y7
24	AND	X4		30	LD	X6
25	AND	X5		31	SET	S30

（2）绘出下图所示状态流程图的梯形图，并编写出对应的指令表。

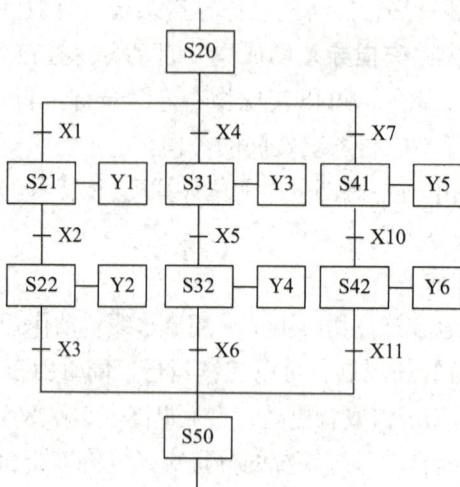

状态流程图

提高题

如果将本项目的单线圈电磁阀改为双线圈电磁阀，程序应如何编写？根据任务完成：①自定义 I/O 地址分配；②程序设计；③硬件接线；④联机调试。

拓展题

编写定时器和计数器结合的传送与分拣控制程序，要求物料传送与分拣过程中，各料槽中产品数量为 10 个时蜂鸣器鸣叫 5s。根据任务完成：①自定义 I/O 地址分配；②程序设计；③硬件接线；④联机调试。

项目 8 液体混合控制系统的 PLC 控制

教学目标

素质目标

1．培养学生积极探索、勇于创新的科学和系统思维习惯，树立制造业高端化、智能化、绿色化发展意识。

2．指引学生掌握"抓主要矛盾，忽略次要因素，抓问题实质"和"抓住重点、求同存异"的学习方法。

3．树立制造业高端化、智能化、绿色化发展意识。

知识目标

1．理解液体混合控制系统的应用。

2．掌握 STL、RET 指令的应用。

3．熟悉三菱 FX-TRN-BEG-C 仿真软件的使用。

能力目标

1．能利用软件进行液体混合控制系统工程的创建及程序的编写、传送和调试。

2．能设计 PLC 顺序功能图。

3．能根据顺序功能图编写梯形图程序。

4．能正确连接 PLC 输入/输出端口，实现控制功能。

项目描述

实现污水全治理，保护环境上台阶，污水处理为国家环境保护的一大重要举措。液体混合是污水处理的关键环节，多种液体自动混合是工业中经常遇到的一个工艺流程。它一般要求多种液体在不同时刻向容器中注入不同的量。向容器中注入液体的量可以采用液位传感器 S1、S2、S3 进行控制。当液体 1 向容器中注入，到达液位 S2 时停止注入该液体，关闭液体 1 注入电磁阀门，再注入液体 2，当到达液位 S3 时停止。然后开始搅拌，让两种液体混合均匀，最后将混合液放出。如果采用传统的手动控制液体流量，容易产生误差，其误差会导致整个混合液的报废，这在工业生产中是不允许的。在本项目中，将对两种液体的混合实际案例进行分析，以便充分说明 PLC 控制技术的重要性以及 PLC 控制的优点。

项目准备

为完成本项目，需要准备如表 8-1 中所示的工具、仪表及材料。

表 8-1　任务准备清单

编号	类别	名称	规格型号	图片
1	工具套装	电工工具	包含万用表、螺丝刀、卷尺等常用电工工具	
2	设备类	PLC 主机模块	包含三菱 FX_{2N} 型 PLC FX_{2N}48R-L 主机模块	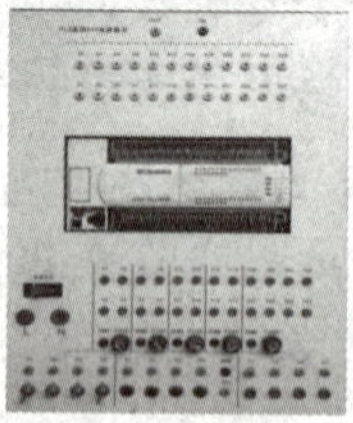
3		PLC 系统模拟模块	带有搅拌机自动控制模拟模块	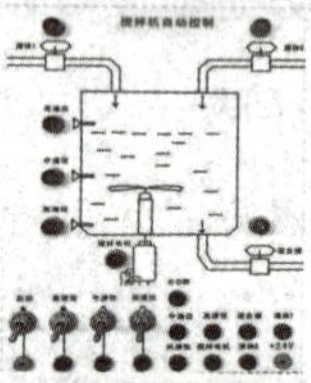
4		电源模块	带有空气开关保护功能，带有 220V 交流电源	
5		计算机	装有 GX Developer 软件	
6	材料类	安全插线	红色、绿色、黄色、黑色各若干根	
7		通信电缆	RS-232 型	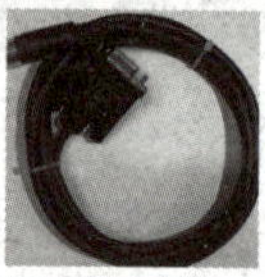

工作流程图如图 8-1 所示。

电路原理图设计 → PLC程序设计 → 液体混合控制系统电路安装 → 程序下载及调试

图 8-1　工作流程图

项目实施

→ 任务 8.1 设计液体混合控制系统的 PLC 控制电路

8.1.1 分析液体混合控制系统任务

图 8-2 为液体混合控制系统模拟示意图，图中有 4 个拨动开关，分别是启动开关、高液位传感器、中液位传感器、低液位传感器；有 7 个指示灯，分别模拟液体 1 流入、液体 2 流入、高液位指示灯、中液位指示灯、低液位指示灯、搅拌机工作、混合液流出。此控制电路的要求如下。

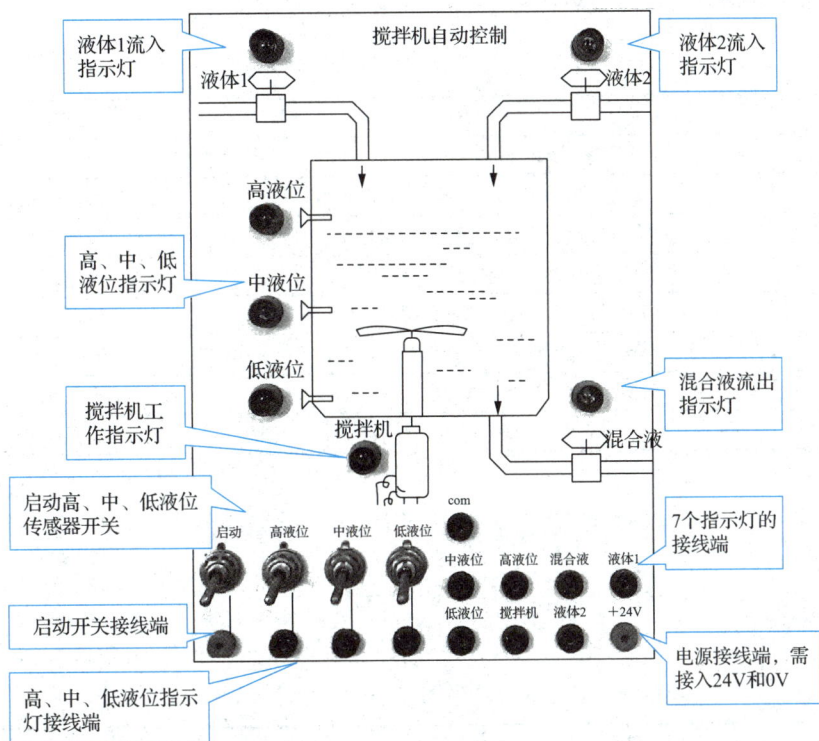

图 8-2 液体混合控制系统模拟示意图

1）初始状态：工作前，混合罐保持空罐状态。

2）过程控制：拨动启动开关 K1，开始下列操作。

① 液体 1 指示灯亮，液体 1 流入容器。当液面达到低液位时，闭合低液位模拟传感器开关 S1，低液位指示灯亮。当液面达到中液位时，闭合模拟中液位传感器开关 S2，中液位指示灯和液体 2 指示灯亮，液体 2 流入液体 1 指示灯熄灭。

② 当液面达到高液位时，闭合模拟高液位传感器开关 S3，高液位指示灯和搅拌电

机指示灯同时亮，搅拌机开始工作，液体 2 指示灯熄灭，液体 2 停止流入容器。

③ 搅拌机工作 20s 后停止搅拌。

④ 混合液指示灯亮，开始出料。当液面下降过高液位时，断开模拟高液位传感器开关 S3，高液位指示灯熄灭，中液位指示灯点亮。当液面下降过中液位时，断开中液位传感器开关 S2，中液位指示灯熄灭，低液位指示灯点亮。当液面下降过低液位时，断开模拟低液位传感器开关 S1，低液位指示灯熄灭，再经过 10s 后，容器放空，混合液指示灯熄灭，停止出料。

⑤ 循环①～④的工作。

停止操作：启动开关处于闭合状态，则循环①～④的工作。若拨动开关 K1 处于断开状态，则在当前循环（操作过程）完毕后停止操作，回到初始状态。

液体混合控制系统运行规律如表 8-2 所示。

表 8-2　液体混合控制系统运行规律表

状态	亮灯情况	动作情况
状态 1	液体 1 指示灯亮	液体 1 流入
状态 2	液体 1 指示灯亮，低液位指示灯亮	液体 1 流入
状态 3	中液位指示灯亮，液体 2 指示灯亮	液体 2 流入
状态 4	高液位指示灯亮，搅拌机指示灯亮 20s	搅拌机工作
状态 5	混合液指示灯亮，高液位指示灯亮	混合液流出
状态 6	混合液指示灯亮，中液位指示灯亮	混合液流出
状态 7	混合液指示灯亮，低液位指示灯亮	混合液流出
状态 8	混合液指示灯亮 10s 后熄灭	混合液流出

8.1.2　设计液体混合控制系统的 PLC 控制电路

1. 分配 I/O 地址（表 8-3）

表 8-3　液体混合控制系统 I/O 地址分配表

输入端（I）			输出端（O）		
序号	输入设备	端口编号	序号	输出设备	端口编号
1	启动开关（K1）	X000	1	液体 1 指示灯	Y000
2	低液位模拟传感器开关（S1）	X001	2	液体 2 指示灯	Y001
3	中液位模拟传感器开关（S2）	X002	3	低液位指示灯	Y002
4	高液位模拟传感器开关（S3）	X003	4	中液位指示灯	Y003
			5	高液位指示灯	Y004
			6	搅拌机工作指示灯	Y005
			7	混合液	Y006

2．PLC 的 I/O 接线图 （图 8-3）

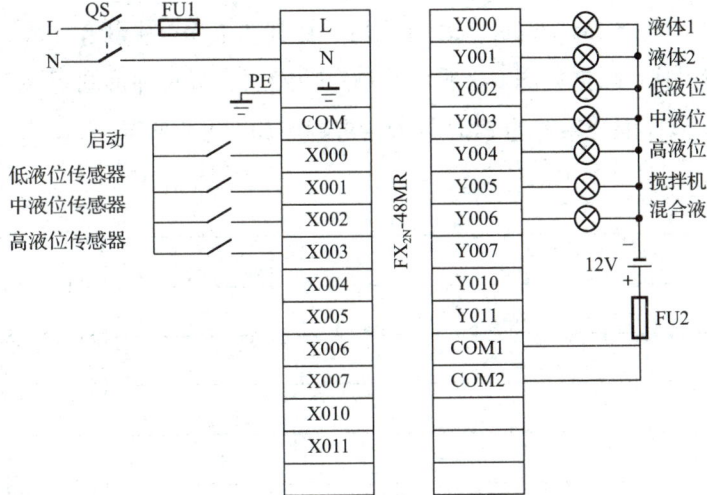

图 8-3 液体混合 PLC 控制系统的 I/O 接线图

任务 8.2 设计液体混合控制系统的 PLC 控制程序

8.2.1 设计顺序功能图

液体混合控制系统的顺序功能图如图 8-4 所示。

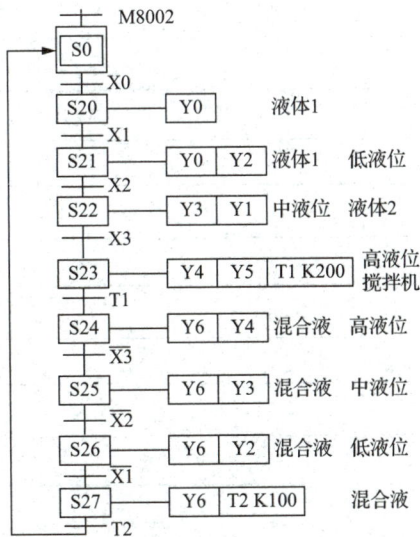

图 8-4 顺序功能图

8.2.2　编写梯形图

双击 ⬛，打开 GX Developer 应用程序后，在其"工程"中新建工程，将工程命名为"液体混合控制"。根据如图 8-3 所示的顺序功能图，编写梯形图程序，检查之后变换梯形图程序。液体混合系统的 PLC 控制参考程序如图 8-5 所示。

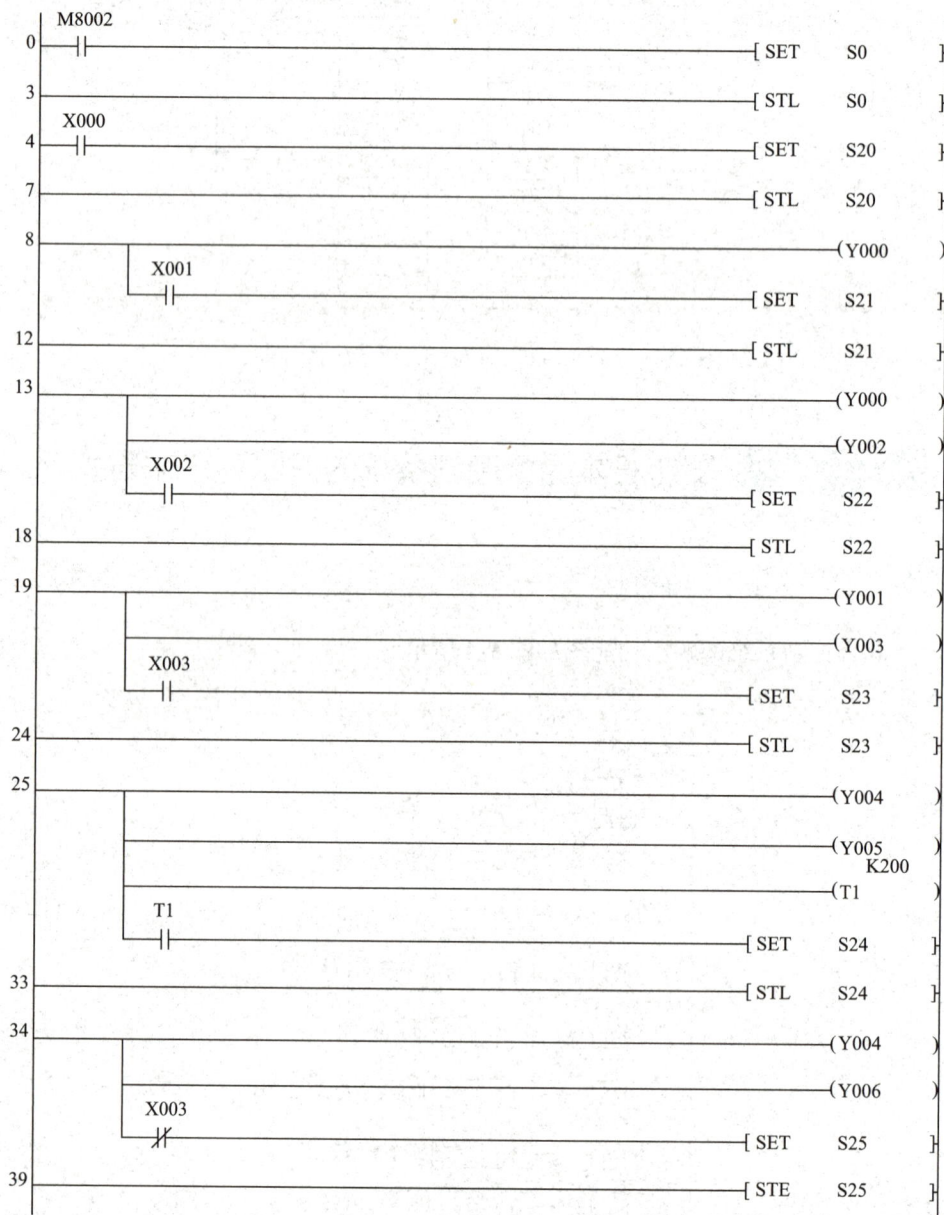

图 8-5　液体混合系统的 PLC 控制参考程序

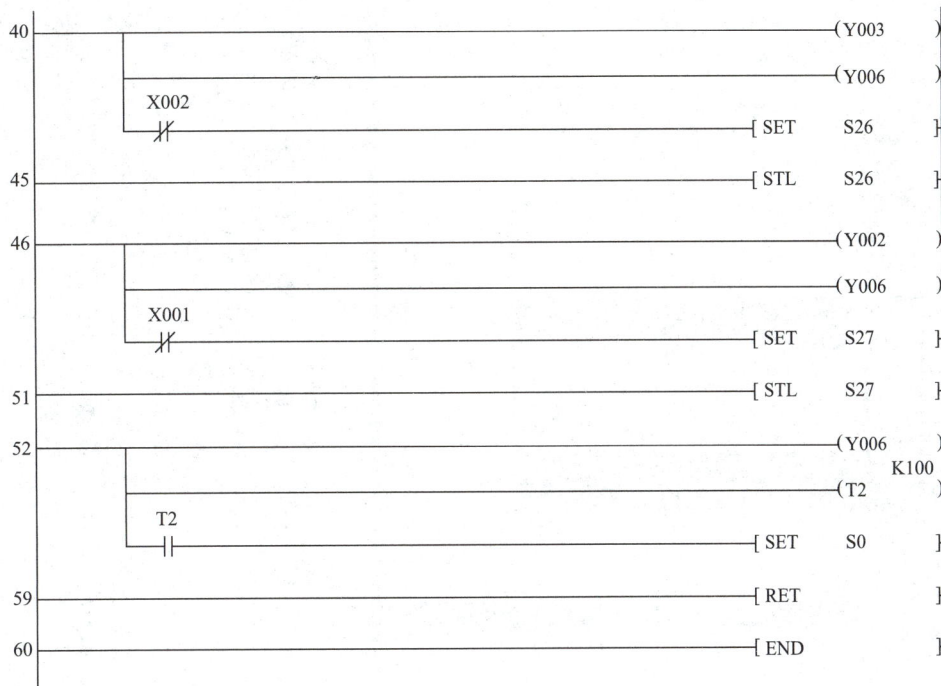

图 8-5（续）

任务 8.3　安装与调试液体混合 PLC 控制系统

8.3.1　安装液体混合 PLC 控制系统

1．连接 PLC 和计算机之间的通信线

依照规范用通信线将 PLC 与计算机连接好。

2．连接 PLC 电源线

将红色电源导线的一端连接在实训台三相电的 U、V、W 任意一端，另一端连接在 PLC 模块的 L 端。将蓝色电源导线的一端连接在三相电源的 N 端，另外一端连接在 PLC 模块的 N 端，如图 8-6 所示。

3．连接输入导线

对照表 8-3 的 I/O 地址分配表，将搅拌机自动控制模块的"启动""低液位""中液位""高液位"开关接口分别接到 PLC 输入端接口 X0、X1、X2、X3，如图 8-7 所示。

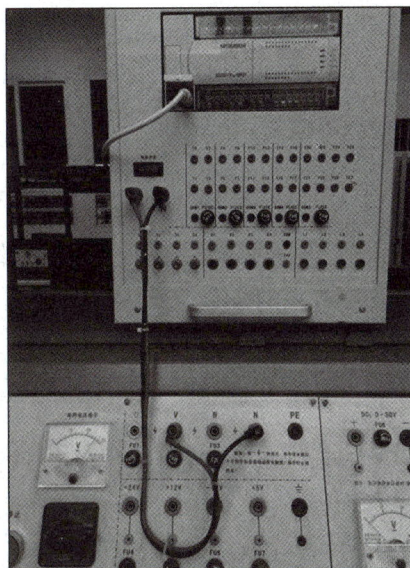

图 8-6　连接 PLC 电源线

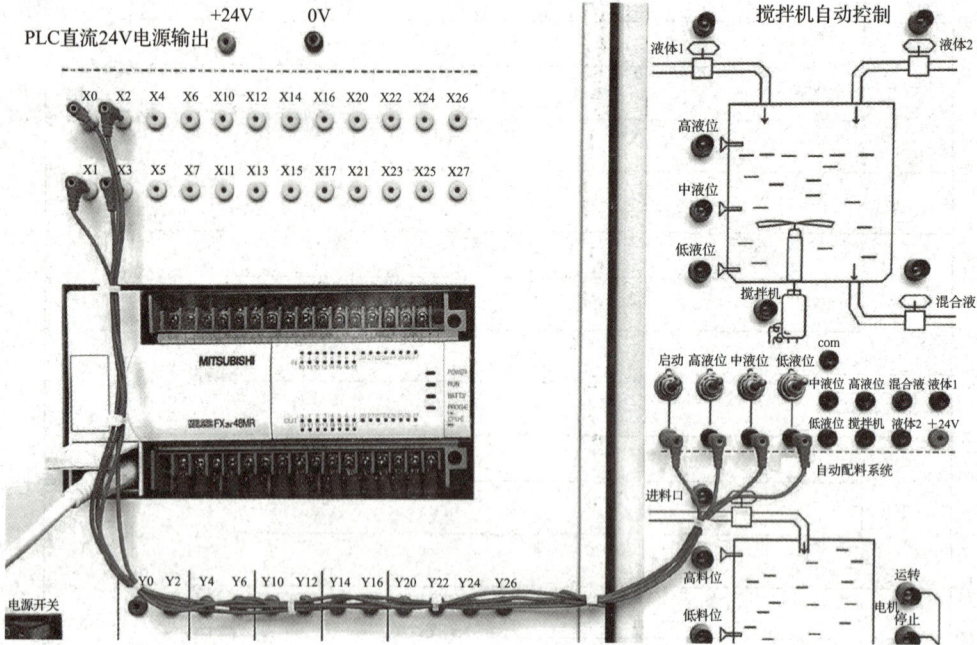

图 8-7　连接输入导线

4. 连接输出导线

对照表 8-3 的 I/O 地址分配表，将搅拌机自动控制模块的"液体 1""液体 2""低液位""中液位""高液位""搅拌机""混合液"模拟指示灯接口分别连接到 PLC 输出端接口 Y0 ～ Y6，如图 8-8 所示。

5. 连接 PLC 输出端公共端

将 PLC 输出端的"COM1"和"COM2"连接到 PLC 自带直流电源的接地端"COM"，如图 8-9 所示。

6. 连接搅拌机自动控制模块电源线

这里利用 PLC 自带的 24V 直流电源给搅拌机自动控制模块提供电源，将搅拌机自动控制模块的"+24V"和"COM"接口分别连接到 PLC 模块的"+24V"和"COM"接口，如图 8-10 所示。

7. 通电检查

打开空气开关，再打开 PLC 电源开关，如果 PLC 状态指示灯"POWER""RUN"点亮则表示 PLC 通电正常，如图 8-11 所示。

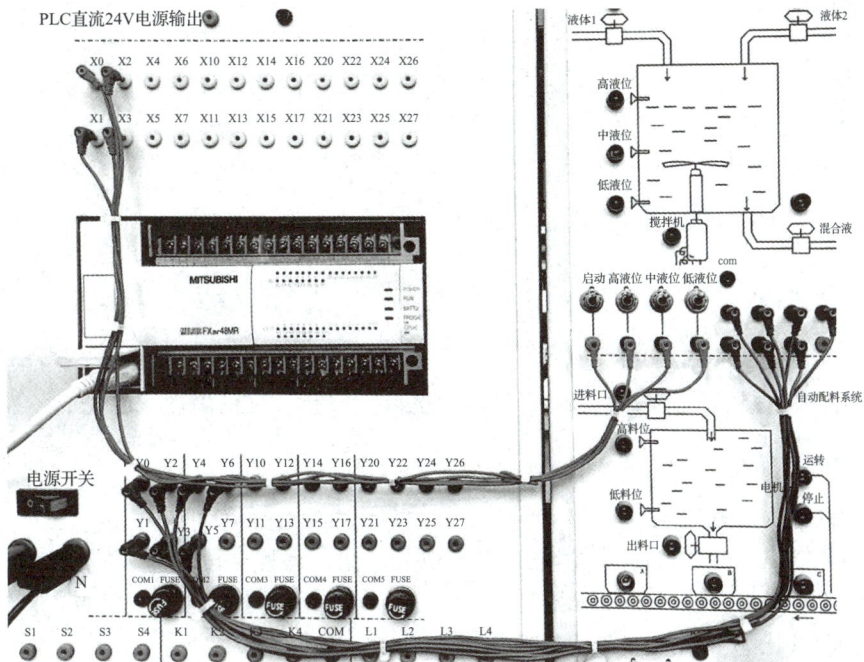

图 8-8　连接输出导线

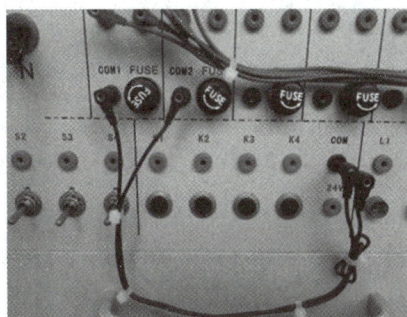

图 8-9　连接 PLC 输出端公共端

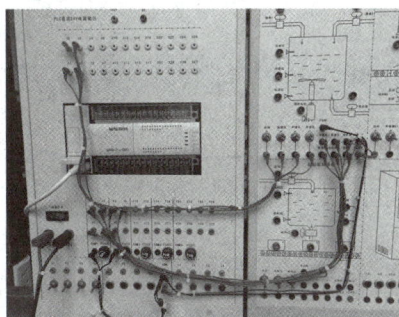

图 8-10　连接搅拌机自动控制模块电源线示意

（a）打开空气开关

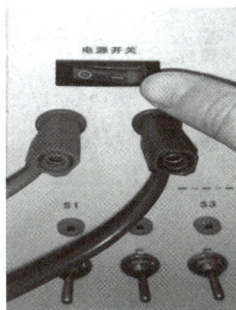

（b）打开PLC电源开关

图 8-11　通电检查

导师说

因接入的是 AC 220V 交流电，有触电的危险，因此一定要仔细检查工作场所的供电安全，同时小心操作。

8.3.2 调试液体混合 PLC 控制系统

1. 下载程序

在 GX Developer 软件的菜单栏选择"在线"→"PLC写入"命令，当出现 PLC执行对话框时选中"程序"复选框，单击"执行"按钮，直到出现"已完成"界面。

2. 调试程序

（1）设置为监视模式

在 GX Developer 软件工具栏单击"监视"按钮，将程序设置为"监视"模式，以便于调试功能时查看程序运行情况。

（2）调试状态 1

对照表 8-2，调试状态 1。将搅拌机自动控制模块的"启动"开关闭合，会观察到面板的液体 1 指示灯点亮，程序步进指令运行到 S20 步，如图 8-12 所示。

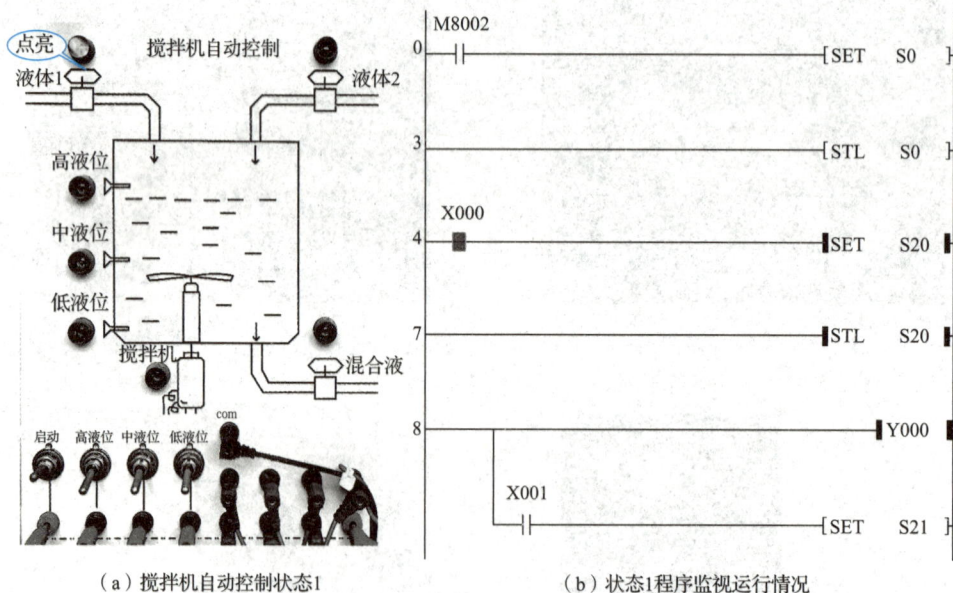

（a）搅拌机自动控制状态1 　　　　　　（b）状态1程序监视运行情况

图 8-12 状态 1

（3）调试状态 2

对照表 8-2，调试状态 2。将搅拌机自动控制模块的"低液位"传感器开关闭合，会观察到面板的液体 1 指示灯、低液位指示灯点亮，程序步进指令运行到 S21 步，如

图 8-13 所示。

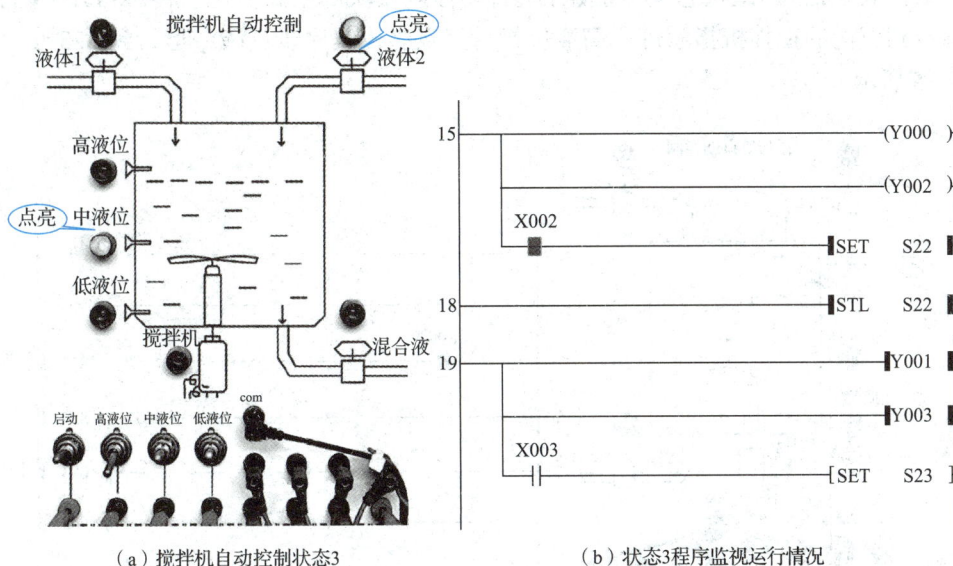

（a）搅拌机自动控制状态3　　（b）状态3程序监视运行情况

图 8-13　状态 2

（4）调试状态 3

对照表 8-2，调试状态 3。将搅拌机自动控制模块的"中液位"传感器开关闭合，会观察到面板的液体 2 指示灯、中液位指示灯点亮，程序步进指令运行到 S22 步，如图 8-14 所示。

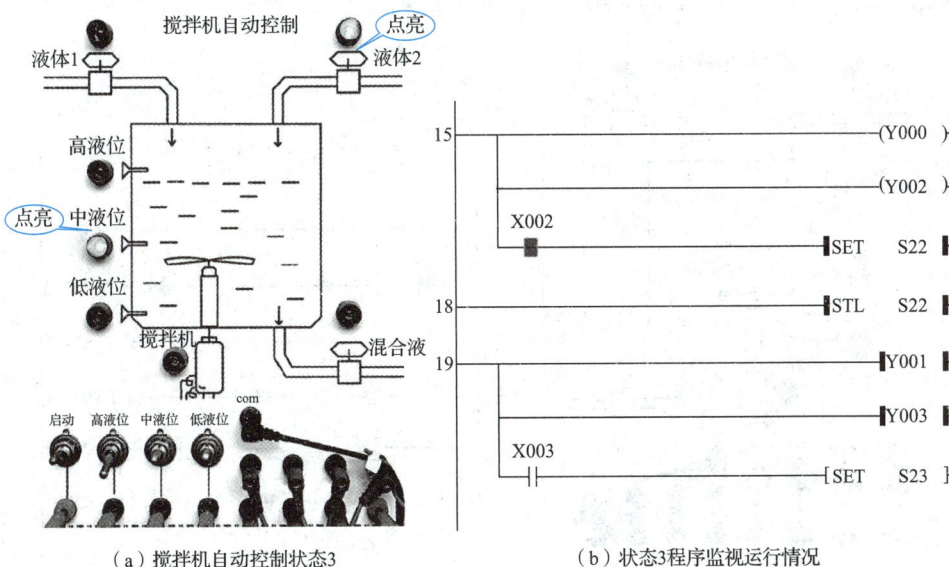

（a）搅拌机自动控制状态3　　（b）状态3程序监视运行情况

图 8-14　状态 3

（5）调试状态 4

对照表 8-2，调试状态 4。将搅拌机自动控制模块的"高液位"传感器开关闭合，会观察到面板的搅拌机指示灯、高液位指示灯点亮，程序步进指令运行到 S23 步，如图 8-15 所示。

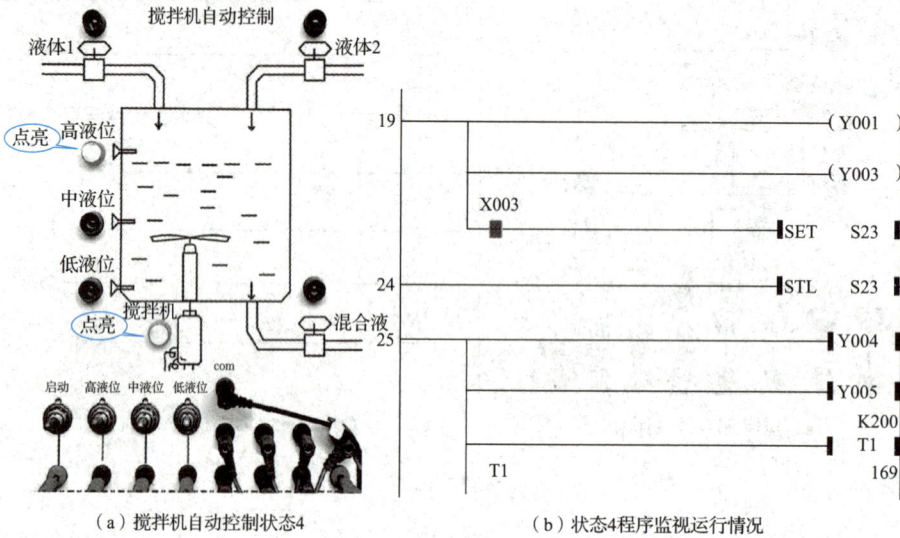

（a）搅拌机自动控制状态4   （b）状态4程序监视运行情况

图 8-15　状态 4

（6）调试状态 5

对照表 8-2，调试状态 5。搅拌机指示灯点亮 20s 后，会观察到面板的混合液、高液位指示灯点亮，程序步进指令运行到 S24 步，如图 8-16 所示。

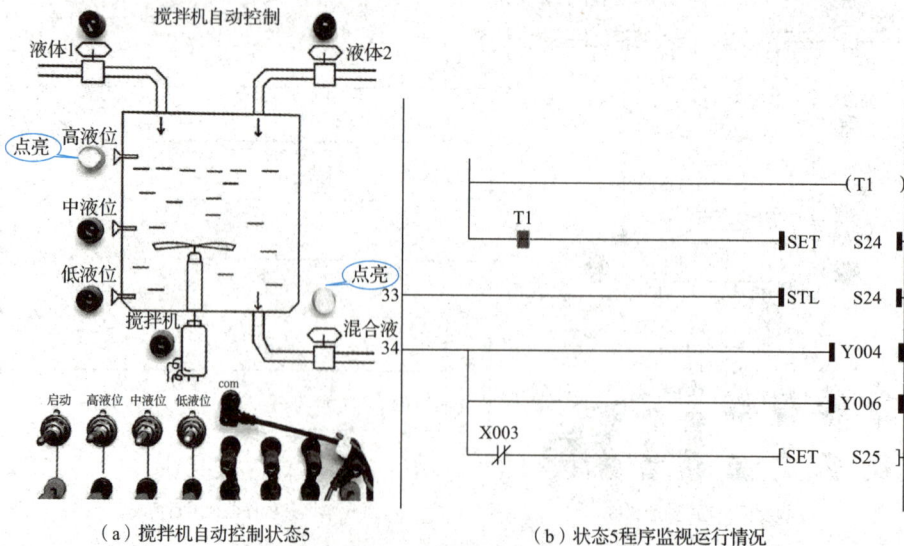

（a）搅拌机自动控制状态5   （b）状态5程序监视运行情况

图 8-16　状态 5

（7）调试状态6

对照表8-2，调试状态6。将搅拌机自动控制模块的"高液位"传感器开关断开，会观察到面板的混合液指示灯、中液位指示灯点亮，程序步进指令运行到S25步，如图8-17所示。

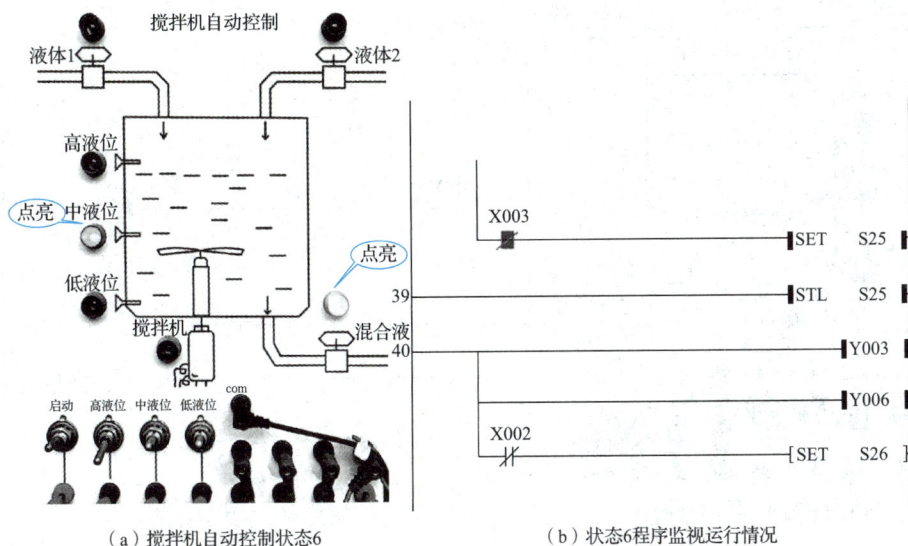

（a）搅拌机自动控制状态6　　　　　（b）状态6程序监视运行情况

图8-17　状态6

（8）调试状态7

对照表8-2，调试状态7。将搅拌机自动控制模块的"中液位"传感器开关断开，会观察到面板低液位指示灯和混合液指示灯点亮，程序步进指令运行到S26步，如图8-18所示。

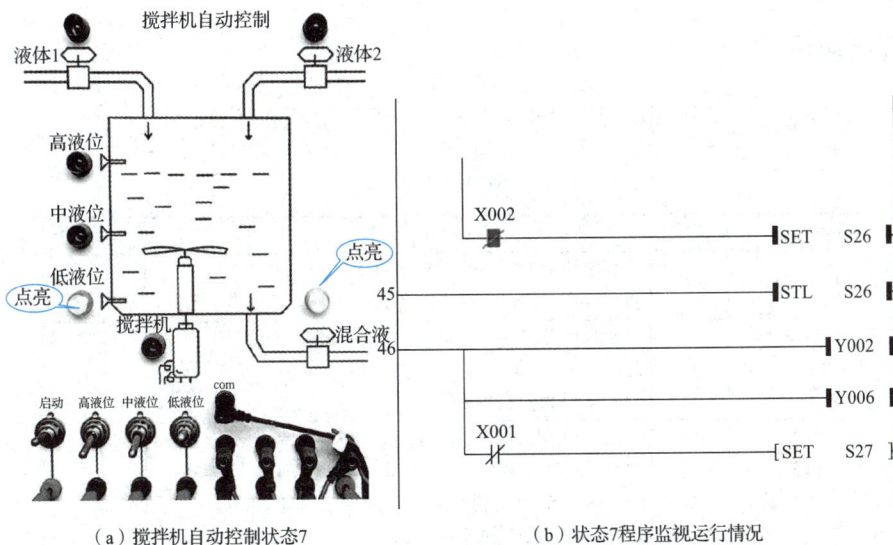

（a）搅拌机自动控制状态7　　　　　（b）状态7程序监视运行情况

图8-18　状态7

（9）调试状态 8

对照表 8-2，调试状态 8。将搅拌机自动控制模块的"低液位"传感器开关断开，会观察到面板只有混合液指示灯点亮 10s 后熄灭，程序步进指令运行到 S27 步，如图 8-19 所示。

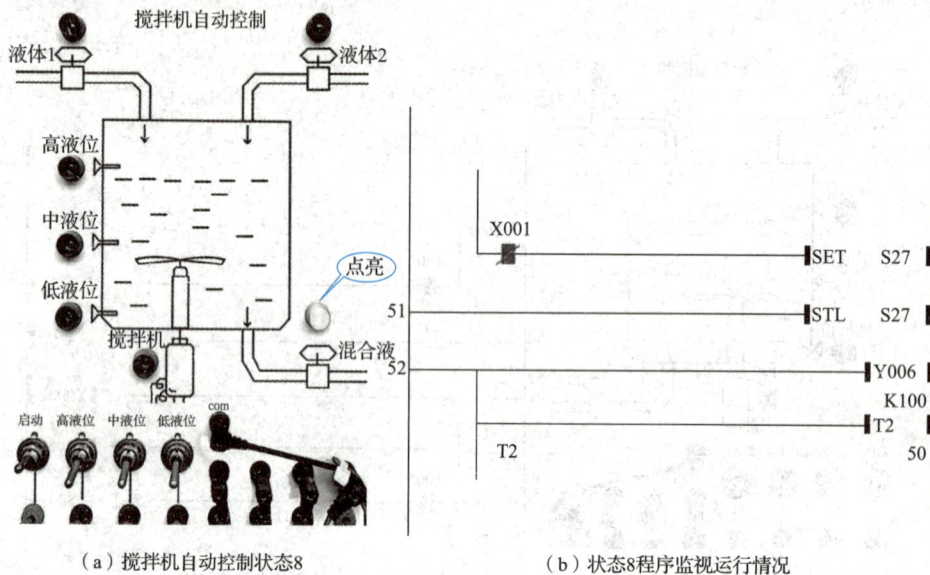

（a）搅拌机自动控制状态8　　　　　　　　（b）状态8程序监视运行情况

图 8-19　状态 8

（10）调试循环功能

将搅拌机自动控制模块的"启动"开关一直闭合，执行完步骤（9）后，跳转到步骤（1），循环执行。若关掉"启动"开关，则在当前循环（操作过程）完毕后，停止操作，回到初始状态。

项目评价

项目评价由三个部分组成，即学生自评、小组评价和教师评价。

项目检查与评价

序号	评价内容	配分	评价标准	学生评价	教师评价
1	实训器材准备	5	（1）工具准备完整性（是 □ 2分） （2）设备、仪表、材料准备完整性（是 □ 3分）		
2	设计液体混合控制系统的 PLC 控制电路	15	（1）分析液体混合控制系统任务（是 □ 5分） （2）分配 I/O 地址（是 □ 5分） （3）绘制 I/O 接线图（是 □ 5分）		
3	设计液体混合控制系统 PLC 控制程序	20	（1）启动 GX Develope、创建、保存新工程（是 □ 2分） （2）设计液体混合控制系统顺序功能图（是 □ 5分） （3）编写液体混合控制系统梯形图（是 □ 8分） （4）变换、检查程序（是 □ 2分） （5）梯形图逻辑测试（是 □ 3分）		

续表

序号	评价内容	配分	评价标准	学生评价	教师评价
4	安装液体混合 PLC 控制系统	26	（1）连接 PLC 和计算机之间的通信线（是 □ 2 分） （2）连接 PLC 电源线（是 □ 2 分） （3）连接输入导线（是 □ 5 分） （4）连接输出导线（是 □ 5 分） （5）连接 PLC 输出端公共端（是 □ 3 分） （6）连接搅拌机自动控制模块电源线（是 □ 4 分） （7）通电检查（是 □ 5 分）		
5	调试液体混合 PLC 控制系统	26	（1）下载程序（是 □ 2 分） （2）调试状态 1 和 2- 液体 1 流入（是 □ 5 分） （3）调试状态 3- 液体 2 流入（是 □ 5 分） （4）调试状态 4- 搅拌机工作（是 □ 4 分） （5）调试状态 5-8- 混合液流出（是 □ 5 分） （6）调试循环功能（是 □ 5 分）		
6	安全与文明生产	8	（1）环境整洁（是 □ 2 分） （2）工具、仪表摆放整齐（是 □ 3 分） （3）遵守安全规程（是 □ 3 分）		

拓展提高　PLC 仿真软件的使用及控制系统设计原则

1. 仿真软件的使用

PLC 在工业系统中应用非常广泛，而三菱 FX-TRN-BEG-C 仿真软件对于初学者来说既方便又适用；它不需要购买 PLC，只需要安装有三菱 FX-TRN-BEG-C 仿真软件的计算机，就可以学习编程和进行仿真。

在计算机"开始"菜单或者计算机桌面上找到 FX 软件启动图标，打开软件 FX-TRN-BEG-C。打开后的界面如图 8-20 所示，其中包括标题栏、菜单栏和六个由易到难的类别选择栏。

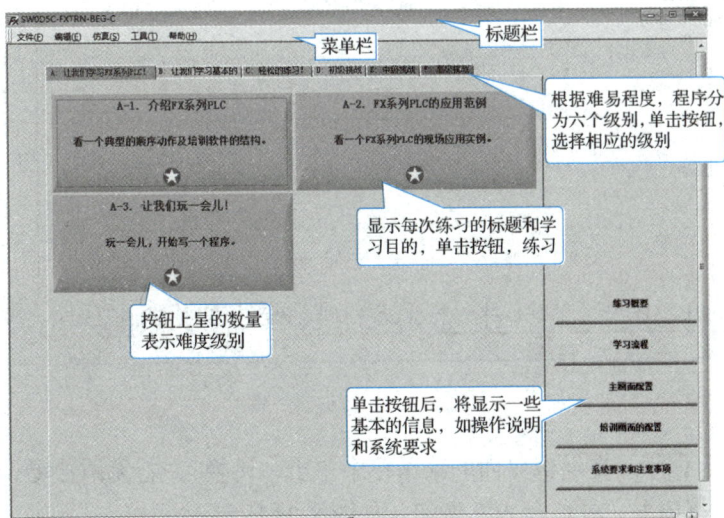

图 8-20　仿真软件打开后的界面

选择练习题后的学习界面如图 8-21 所示，包括了索引界面、程序动作仿真界面、用户编程区、控制操作面板等。

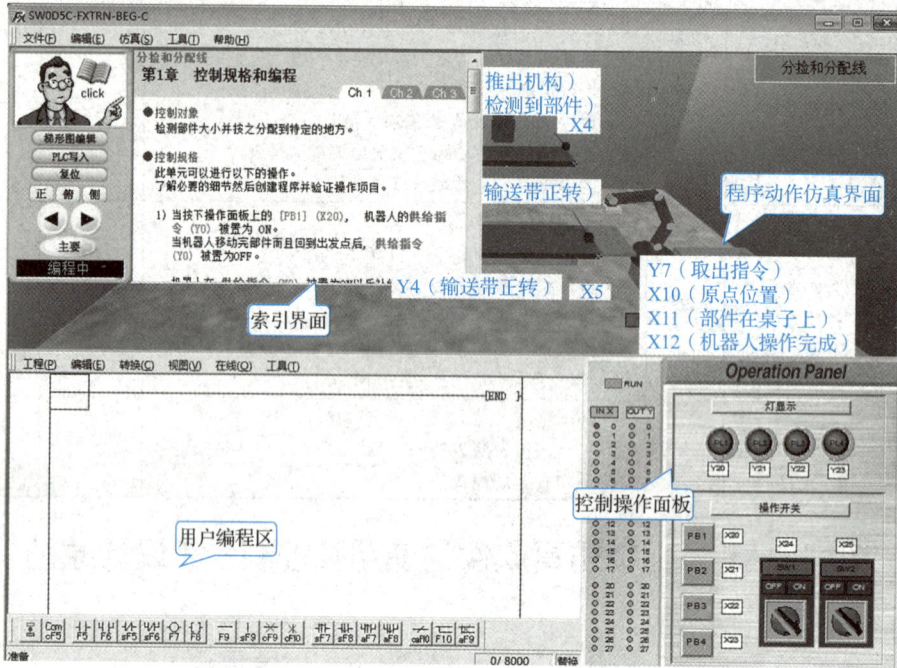

图 8-21　选择练习题后的学习界面

编写一个程序需要单击"梯形图编辑"按钮，梯形图编辑界面如图 8-22 所示。

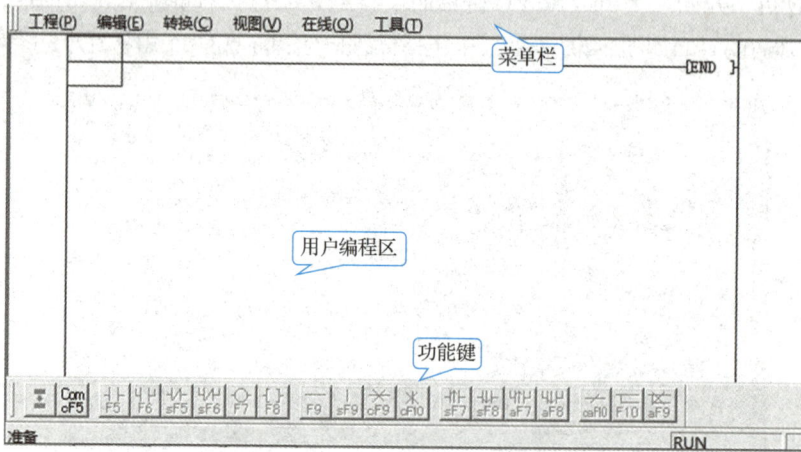

图 8-22　梯形图编辑界面

转换并写入程序。在编辑界面的菜单栏中单击"转换"，若无语法错误，在菜单栏单击"在线"，再单击"PLC 写入"按钮，如图 8-23 所示。

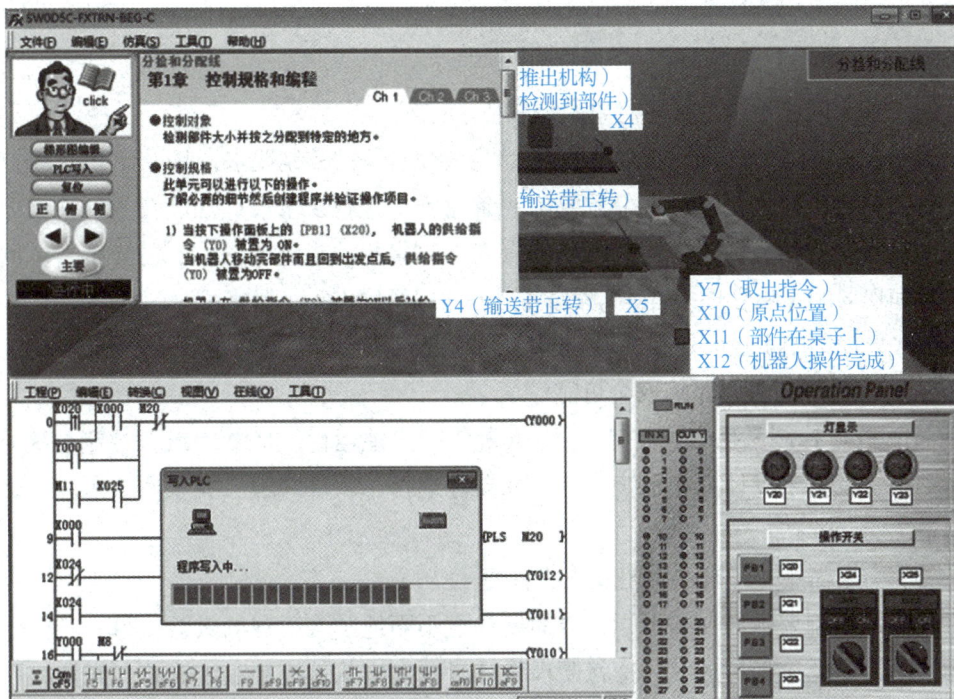

图 8-23　PLC 写入界面

通过操作面板上的开关，确认程序的功能是否能实现，如图 8-24 所示。

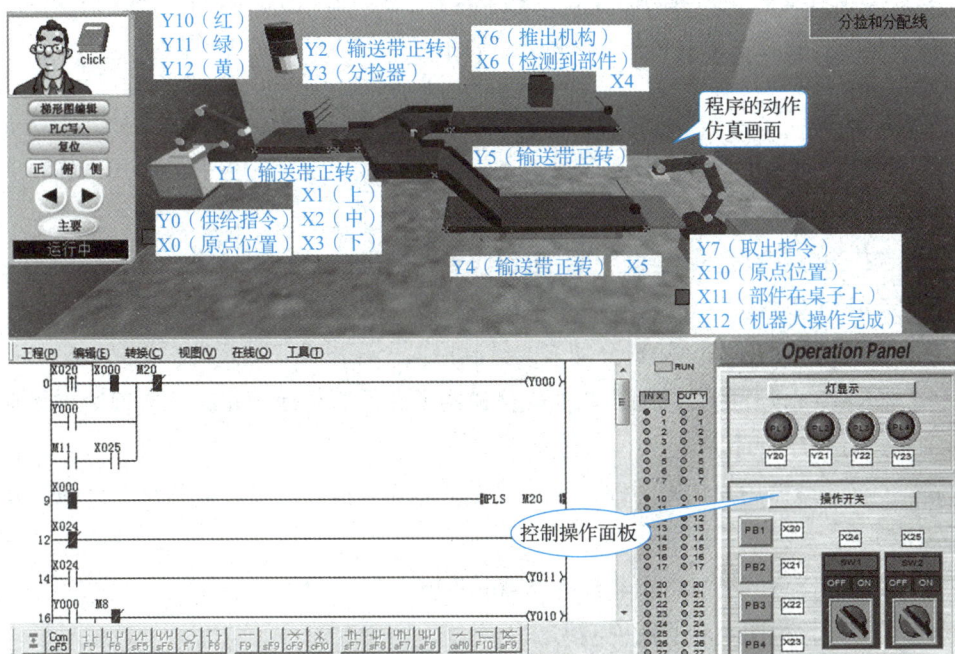

图 8-24　程序仿真界面

2．PLC 控制系统设计的基本原则

（1）最大限度地满足被控对象的控制要求

充分发挥 PLC 的功能，最大限度地满足被控对象的控制要求，是设计 PLC 控制系统的首要前提，这也是设计中最重要的一条原则。这就要求设计人员在设计前就要深入现场进行调查研究，收集控制现场的资料，收集相关先进的国内、国外资料。同时要注意和现场的工程管理人员、工程技术人员、现场操作人员紧密配合，拟订控制方案，共同解决设计中的重点问题和疑难问题。

（2）保证 PLC 控制系统安全可靠

保证 PLC 控制系统能够长期安全、可靠、稳定地运行，是设计 PLC 控制系统的重要原则。这就要求设计者在系统设计、元器件选择、软件编程上要全面考虑，以确保控制系统安全可靠。

（3）力求简单、经济、实用及维修方便

在满足控制要求的前提下，一方面要注意不断地扩大工程的效益，另一方面也要注意不断地降低工程的成本。这就要求设计者不仅应该使控制系统简单、经济，而且要使控制系统实用和维护方便、成本低，不宜盲目追求自动化和高指标。

（4）适应发展的需要

由于技术的不断发展，对控制系统的要求也将会不断地提高，设计时要适当考虑到今后控制系统发展和完善的需要，这就要求在选择 PLC、输入 / 输出模块、I/O 点数和内存容量时，要适当留有裕量，以满足今后生产的发展和工艺的改进。

3．PLC 控制系统设计的主要内容

1）拟订控制系统设计的技术条件。技术条件一般以设计任务书的形式来确定，它是整个设计的依据。

2）选择电气传动形式和电动机、电磁阀等执行机构。

3）选定 PLC 的型号。

4）编制 PLC 的输入、输出分配表或绘制输入、输出端子接线图。

5）根据系统设计的要求编写软件规格说明书，然后再使用相应的编程语言（常用梯形图）进行程序设计。

6）了解并遵循用户认知心理学，重视人机界面的设计，增强人与机器之间的友善关系。

7）设计操作台、电气柜及非标准电器元件。

8）编写设计说明书和使用说明书。

根据具体任务，上述内容可进行适当调整。

检测与反思

基础题

1. 填空题

（1）在 FX 系列可编程序控制器的编程元件中，特殊辅助继电器_____是初始化脉冲，仅存在于 PLC 运行开始时接通瞬间。

（2）顺序功能图由_____、_____和_____三部分组成。

2. 判断题

（1）使用 FX-TRN-BEG-C 仿真软件，可以不用配备 PLC 设备实现编程调试。（ ）

（2）FX$_{2N}$-48MR PLC 需要供电的电源是 380V。 （ ）

提高题

1. 填空题

（1）打开 PLC 电源，当发现状态指示灯 POWER 亮，运行指示灯 RUN 不亮，应_____操作。

（2）当发现状态指示灯 Y1 亮，但 Y1 口外接的灯不亮，可能出现的问题是_____。

2. 判断题

（1）SET、RST 的操作数可以是 X 软元件。 （ ）

（2）一个程序有 RET 指令和没有 RET 指令是没有区别的。 （ ）

3. 选择题

（1）步进指令中（ ）"双线圈"输出。

　　A. 允许　　　　B. 不允许

（2）步进指令的操作数只能是（ ）。

　　A. X　　　　　B. Y　　　　　C. S

拓展题

如下图所示，设计三种液体的自动混合搅拌控制系统程序，要求画出 I/O 地址分配表、顺序功能图和梯形图程序，调试完成如下逻辑功能。

1）初始状态：容器是空的，阀门 Y1、Y2、Y3、Y4 均为 OFF 状态，液位传感器 L1、L2、L3 均为 OFF 状态，电动机 M 为 OFF 状态。

2）启动操作：按下启动按钮，开始下列操作。

① 阀门 Y1 与 Y2 均为 ON 状态，液体 A 和液体 B 同时注入容器。当液面达到 L2 时，L2 为 ON 状态，使阀门 Y1 和 Y2 均为 OFF 状态，Y3 为 ON 状态，即关闭 Y1 和 Y2 阀门，打开液体 C 的阀门 Y3。

② 液面达到 L1 时，Y3 为 OFF 状态，搅拌机 M 为 ON 状态，即关闭阀门 Y3，搅拌机 M 启动，开始搅拌。

③ 经 10s 搅匀后，搅拌机 M 为 OFF 状态，停止搅动。

④ 停止搅动后开始放出混合液体，液面低于 L3 时，L3 从 ON 状态变为 OFF 状态，再经过 5s，容器放空，使 Y4 为 OFF 状态，开始下一周期。

3）停止操作：按下停止按钮，无论处于什么状态均停止。

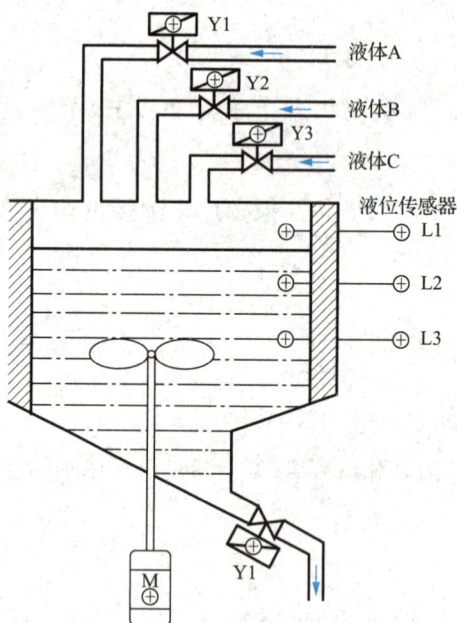

三种液体的自动混合搅拌控制装置

项目 9　多段速皮带运输机的 PLC 控制

📁 **教学目标**

素质目标

1. 培养学生具有实事求是、精益求精、全局考虑的优秀品质。
2. 培养学生具有爱岗敬业、争创一流、艰苦奋斗的精神。

知识目标

1. 掌握变频器各端子的名称及作用。
2. 理解变频器的调速原理。
3. 理解多段速 PLC 程序的编写方法。

能力目标

1. 认识变频器的面板。
2. 能使用变频器的调速功能。
3. 能编写多段速控制电路 PLC 程序。

⚙ **项目描述**

变频就是改变供电频率，从而调节负载，起到降低功耗，减小损耗，延长设备使用寿命等作用。变频技术的核心是变频器，变频器可将工频交流电转换成频率、电压均可控制的交流电。变频器目前在各行各业中被广泛应用，主要向三相交流电动机、异步电动机等提供可变频率的电源，实现无极调速、自动控制和高精度控制。在自动化控制系统中，常把 PLC 与变频器结合在一起完成电动机的多段速控制，这样既能发挥 PLC 灵活多变的强大功能，又能使变频器的调速功能得到更具体的实现。

多段速皮带运输机及工作流程图如图 9-1 和图 9-2 所示。

皮带运输机是以运输带作为牵引和承载部件的连续运输机械。物料被连续地输送到运输带上，并随着输送

图 9-1　多段速皮带运输机

带一起运动，从而实现对物料的输送。对于不同重量的运输物料，可以用改变输送带的运行速度来改变电动机的力矩。简单地说，就是通过识别物料重量的大小（使用不同的包装）来实现不同的传输速度。当物料较重时用低速，一般时用中速，较轻时用高速。本任务用某企业 YL-235A 光机电一体化实训设备来实现多段速皮带运输功能。

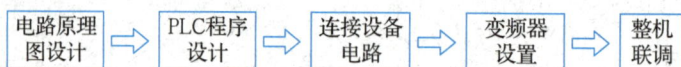

电路原理图设计 ⇒ PLC程序设计 ⇒ 连接设备电路 ⇒ 变频器设置 ⇒ 整机联调

图 9-2　多段速皮带运输机工作流程图

🕐 项目准备

为完成本项目，需要准备如表 9-1 所示的工具、仪表及材料。

表 9-1　任务准备清单

名称	型号 / 规格	数量	备注	实物图
可编程逻辑控制器	三菱 FX$_{2N}$-48MR	1 台	含继电器输出模块	
带输送机套件	—	1 套	可用同类型产品替代	
变频器	三菱 E700	1 台	可用同类型产品替代	
控制按钮（挂箱）	—	1 套	可用同类型产品替代	
光纤传感器	亚龙 235A 型配套	3 个	可用同类型产品替代	
连接导线	配套	若干	多颜色备用	
三相异步电动机	250W	1 台	可用同类型产品替代	
计算机	台式机或笔记本均可	1 台	满足 GX Developer 软件运行环境	
数据线	能使计算机和 PLC 主机通信	若干	—	
电工工具套装	—	1 套	内含螺丝刀、内六角扳手等	

项目实施

任务 9.1　设计多段速皮带运输机的电路原理图

9.1.1　变频器多段速运行模式

变频器在外部操作模式或组合操作模式1下，可以通过外接的开关器件的组合通断来改变输入端子的状态。这种控制频率的方式称为多段速控制功能。

FR-E740变频器的速度控制端子是RH、RM和RL。通过这些开关的组合可以实现3段、7段的控制，具体示意图如图9-3所示。

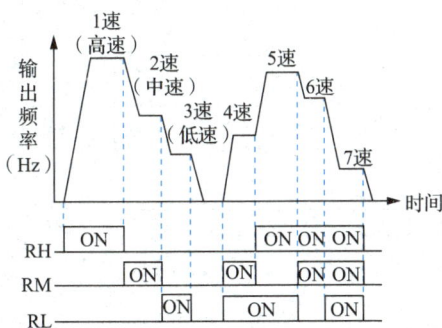

图 9-3　变频器多段速拨码开关示意图

9.1.2　设计多段速皮带运输机的电路原理图

根据任务分析，设计变频器电源通路、PLC电源供电电路、PLC输入电路和PLC输出电路4个回路。多段速皮带运输机电路原理图如图9-4所示。

1．变频器电源电路

变频器电源电路是从三相电源输入到变频器漏电保护开关，然后到熔断器，再到变频器输入端L1、L2、L3，最后经变频器输出端子U、V、W、PE引出到三相电动机。

2．PLC电源供电电路

PLC电源供电电路是从电源模块引入220V交流电作为PLC的工作电源。

3．PLC输入电路

设计输入信号为4个，分别是启停控制旋钮和三个探测物料所用的光纤传感器。

4．PLC输出电路

PLC输出控制信号为4个，分别是控制变频器的正转、高速、中速和低速运行。经分析后，PLC I/O端口分配表参照表9-2。

表 9-2　I/O 端口分配表

输入信号				输出信号			
功能	名称	符号	输入地址	功能	名称	符号	输出地址
启/停控制及信号采集	启停控制旋钮	SA1	X000	输出控制执行	正转控制	STF	Y000
	光纤传感器 1	B1	X001		高速控制	RH	Y001
	光纤传感器 2	B2	X002		中速控制	RM	Y002
	光纤传感器 3	B3	X003		低速控制	RL	Y003

对任务整体分析后，对多段速皮带运输机主电路和控制回路设计如图 9-4 所示。

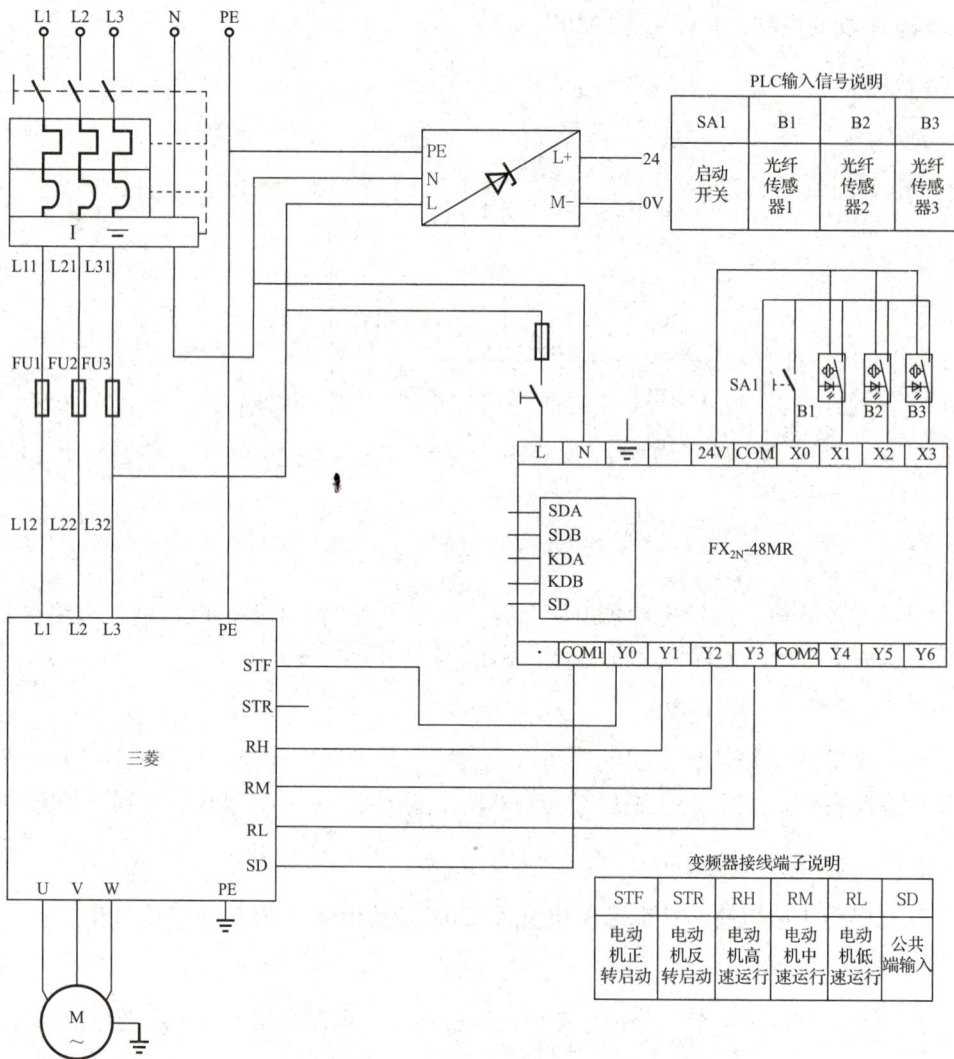

图 9-4　多段速皮带运输机电路原理图

任务 9.2　设计 PLC 控制程序

9.2.1　利用光纤传感器检测不同的物料

光纤传感器是将经过被测对象所调制的光信号输入光纤后，通过在输出端进行光信号处理而进行测量的，这类传感器带有另外的感光元件，对待测物理量敏感，光纤仅作为传光元件，必须附加能够对光纤所传递的光进行调制的敏感元件才能组成传感元件。光纤传感器根据其测量范围还可分为点式光纤传感器、积分式光纤传感器、分布式光纤传感器三种。其中，分布式光纤传感器被用来检测大型结构的应变分布，可以快速无损测量结构的位移、内部或表面应力等重要参数。目前用于土木工程中的光纤传感器类型主要有 Math-Zender 干涉型光纤传感器、Fabry-pero 腔式光纤传感器、光纤布拉格光栅传感器等。

本次实训可利用三个光纤传感器灵敏度的不同，实现不同的物料检测。如图 9-5 所示，调节旋转灵敏度调整旋钮，改变光纤传感器灵敏度来识别三种物料。传感器 B1 在放下黑色、白色、金属物料时有输出信号；传感器 B2 在放下白色和金属物料有输出信号，放黑色物料时没有输出信号；传感器 B3 为近铁传感器，只有放下金属物料才有输出信号，放下黑色、白色物料没有输出信号。

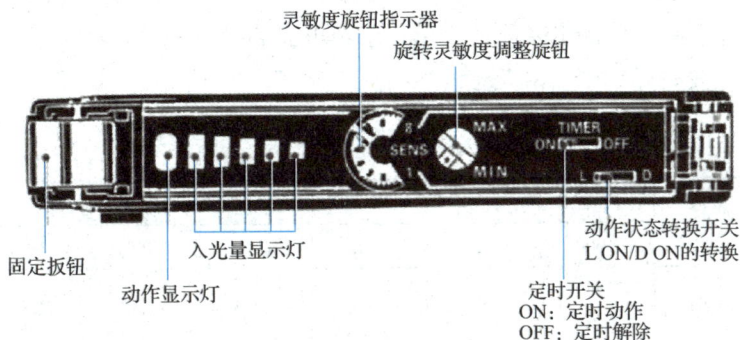

图 9-5　光纤传感器结构

9.2.2　设计多段速皮带运输机程序

在一个传送带运输机上有一个启动开关，在任何时候都能启动和关闭传送带运输机。当启动开关打开时需要检测到物料才能启动电动机，需要采集物料的重量通过控制速度来对电动机进行保护。利用光纤传感器测量物料的重量并控制电动机的速度，当物料比较轻时电动机以高速运行，物料一般重时电动机以中速运行，物料较重时电动机以低速运行。这样的设计既体现节能，又减少了对电动机的损害。

SA1 为启动开关，当 SA1 为开时，触发传感器电动机运行。光纤传感器 B1、B2、B3 被触发和电动机工作情况如表 9-3 所示。

表 9-3　传感器及电动机工作情况描述

物料的重量	光纤传感器			电动机运行速度
	B1	B2	B3	
较轻（黑色）	ON	OFF	OFF	高速运行
一般（白色）	ON	ON	OFF	中速运行
较重（金属）	ON	ON	ON	低速运行

具体设计思路如下。

1）启动运输机时需要检测物料才能启动，并在任何时候都能启动和关闭传送带运输机的运行。

2）当 B1（X001）被触发电动机正转启动（Y000 接通）并以高速运行（Y001 接通），同时电动机不能以低速和中速运行（Y002 和 Y003 被断开）。

3）当 B1（X001）和 B2（X002）同时被触发说明物料重量一般，电动机中速运行（Y002 接通），同时不能以低速和高速运行（Y001 和 Y003 被断开）。

4）当 B1（X001）、B2（X002）、B3（X003）同时被触发说明物料较重，电动机低速运行（Y003 接通），同时不能以高速运行和中速运行（Y001 和 Y002 被断开）。

根据设计思路，设计出多段速皮带运输机 PLC 指令程序如表 9-4 所示，多段速皮带运输机 PLC 梯形图如图 9-6 所示。

表 9-4　多段速皮带运输机 PLC 指令程序

步序	指令	地址	步序	指令	地址	步序	指令	地址
0	LDI	X000	13	ANI	X002	22	RST	Y001
1	ZRST	Y000 Y003	14	ANI	X003	23	RST	Y003
6	LD	X003	16	SET	Y001	24	LD	X003
7	OR	X002	16	RST	Y002	25	AND	X000
8	OR	X001	17	RST	Y003	26	SET	Y003
9	AND	X000	19	LD	X002	27	RST	Y001
10	SET	Y000	19	AND	X000	28	RST	Y002
11	LD	X001	20	ANI	X003	29	END	
12	AND	X000	21	SET	Y002			

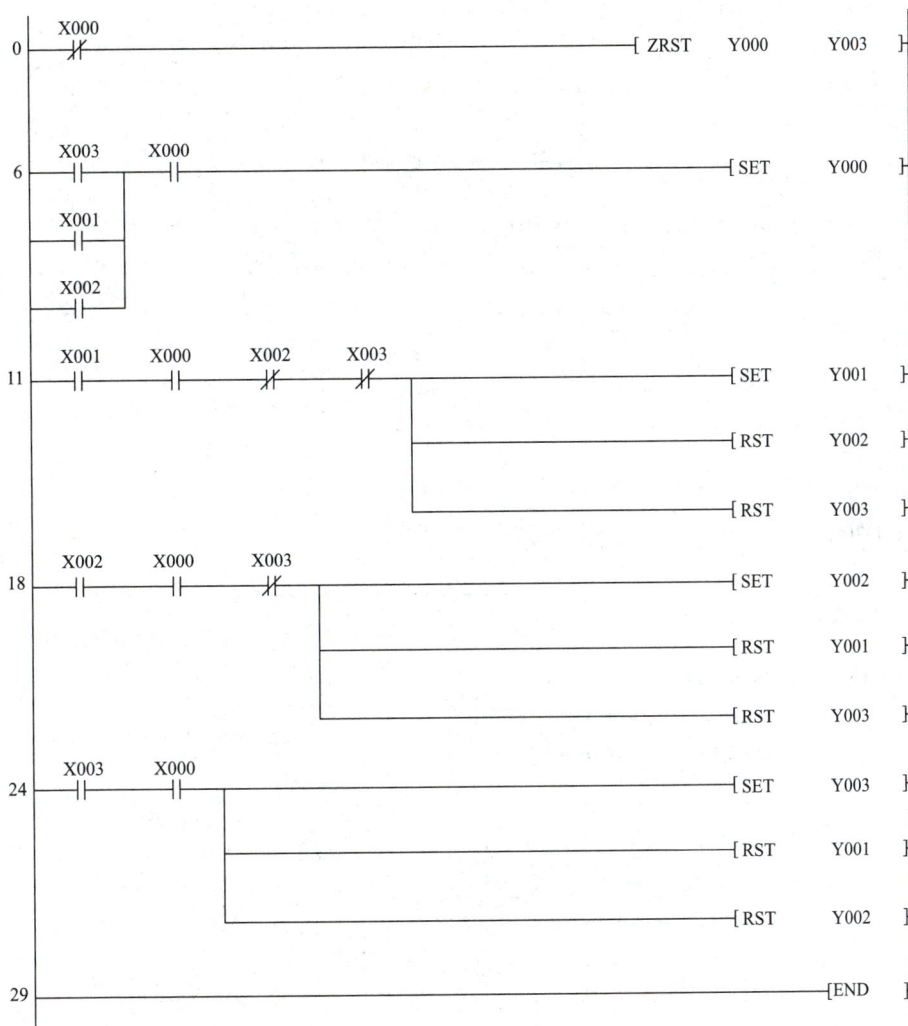

图 9-6　多段速皮带运输机 PLC 梯形图

任务 9.3　连接设备电路

9.3.1　变频器的接线

为变频器接线时应注意：

1. 设备通电时不能插拔导线；单个插线孔不能插三个及以上续接导线插头。

2. 设备运行时不能触摸输送带；不能使用螺丝刀等金属工具触及带电端子。

1. 变频器主电路的接线

FR-E700 系列变频器主电路的通用接线图如图 9-7 所示。

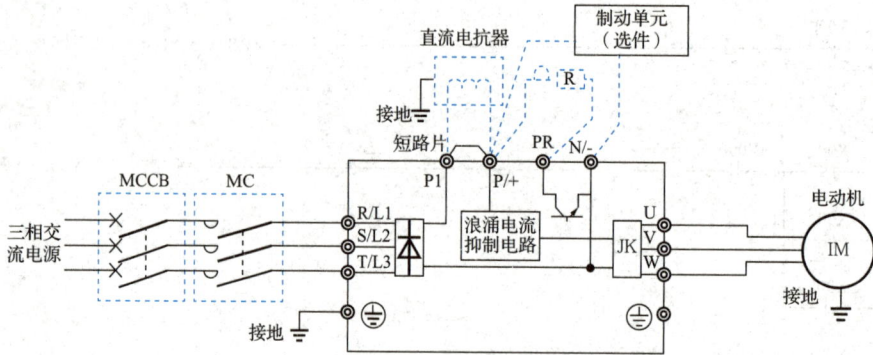

图 9-7　变频器主电路的通用接线图

2. 变频器控制电路的接线

FR-E700 系列变频器控制电路接线图如图 9-8 所示。

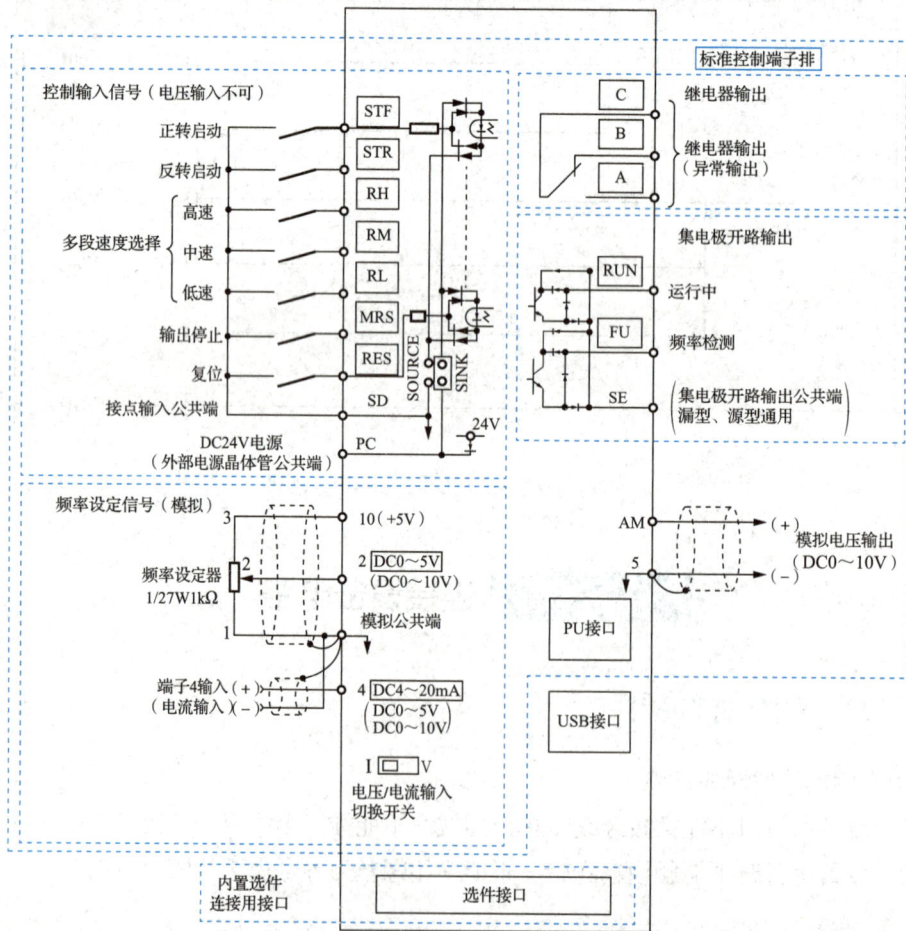

图 9-8　FR-E700 变频器控制电路接线图

图 9-8 中，控制电路端子分为控制输入、频率设定（模拟量输入）、继电器输出（异常输出）、集电极开路输出（状态检测）和模拟电压输出等五个区域，各端子的功能可通过调整相关参数的值进行变更。各控制电路端子的功能说明如表 9-5 ～表 9-7 所示。

表 9-5 控制电路输入端子的功能说明

种类	端子编号	端子名称	端子功能说明	
接点输入	STF	正转启动	STF 信号 ON 时为正转、OFF 时为停止	STF、STR 信号同时 ON 时变成停止指令
	STR	反转启动	STR 信号 ON 时为反转、OFF 时为停止	
接点输入	RH RM RL	多段速度选择	用 RH、RM 和 RL 信号的组合可以选择多段速度	
	MRS	输出停止	MRS 信号 ON（20ms 或以上）时，变频器输出停止。用电磁制动器停止电动机时用于断开变频器的输出	
	RES	复位	用于解除保护电路动作时的报警输出。请使 RES 信号处于 ON 状态 0.1 秒或以上，然后断开 初始设定为始终可进行复位。但进行了 Pr.75 的设定后，仅在变频器报警发生时可进行复位。复位时间约为 1 秒	
	SD	接点输入公共端（漏型）（初始设定）	接点输入端子（漏型逻辑）的公共端子	
		外部晶体管公共端（源型）	源型逻辑是当连接晶体管输出（即集电极开路输出）时，将晶体管输出用的外部电源公共端接到该端子，可以防止因漏电引起的误动作	
		DC24V 电源公共端	DC24V 0.1A 电源（端子 PC）的公共输出端子。与端子 5 及端子 SE 绝缘	
	PC	外部晶体管公共端（漏型）（初始设定）	漏型逻辑是当连接晶体管输出（即集电极开路输出）时，将晶体管输出用的外部电源公共端接到该端子，可以防止因漏电引起的误动作	
		接点输入公共端（源型）	接点输入端子（源型逻辑）的公共端子	
		DC24V 电源	可作为 DC24V、0.1A 的电源使用	
频率设定	10	频率设定用电源	作为外接频率设定（速度设定）用电位器时的电源使用（按照 Pr.73 模拟量输入选择）	
	2	频率设定（电压）	如果输入 DC0 ～ 5V（或 0 ～ 10V），在 5V（10V）时为最大输出频率，输入输出成正比。通过 Pr.73 进行 DC0 ～ 5V（初始设定）和 DC0 ～ 10V 输入的切换操作	
	4	频率设定（电流）	若输入 DC4 ～ 20mA（或 0 ～ 5V，0 ～ 10V），在 20mA 时为最大输出频率，输入输出成正比。只有 AU 信号为 ON 时端子 4 的输入信号才会有效（端子 2 的输入将无效）。通过 Pr.267 进行 4 ～ 20mA（初始设定）和 DC0 ～ 5V、DC0 ～ 10V 输入的切换操作。 电压输入（0 ～ 5V/0 ～ 10V）时，请将电压 / 电流输入切换开关切换至"V"	
	5	频率设定公共端	频率设定信号（端子 2 或 4）及端子 AM 的公共端子。请勿接大地	

表 9-6　控制电路接点输出端子的功能说明

种类	端子记号	端子名称	端子功能说明	
继电器	A、B、C	继电器输出（异常输出）	指示变频器因保护功能动作时输出停止的1c接点输出。异常时：B-C 间不导通（A-C 间导通），正常时：B-C 间导通（A-C 间不导通）	
集电极开路	RUN	变频器正在运行	变频器输出频率大于或等于启动频率（初始值0.5Hz）时为低电平，已停止或正在直流制动时为高电平	
集电极开路	FU	频率检测	输出频率大于或等于任意设定的检测频率时为低电平，未达到时为高电平	
	SE	集电极开路输出公共端	端子 RUN、FU 的公共端子	
模拟	AM	模拟电压输出	可以从多种监视项目中选一种作为输出。变频器复位中不被输出。输出信号与监视项目的大小成比例	输出项目：输出频率（初始设定）

表 9-7　控制电路网络接口的功能说明

种类	端子记号	端子名称	端子功能说明
RS-485	—	PU 接口	通过 PU 接口，可进行 RS-485 通信 标准规格：EIA-485（RS-485） 传输方式：多站点通信 通信速率：4800 ~ 38400b/s 总长距离：500m
USB	—	USB 接口	与个人计算机通过 USB 连接后，可以实现 FR Configurator 的操作。 接口：USB 1.1 标准 传输速度：12Mb/s 连接器：USB 迷你-B 连接器（插座为迷你-B 型）

9.3.2　连接设备电路

1. 连接变频器电源通路及 PLC 供电电路

参照图 9-4 电路原理图，将按钮模块和三菱 PLC 主机模块电源插头连接到电源模块上；从电源模块引出三相 380V 交流电源至变频器模块 L1、L2、L3 插孔，同时将变频器模块 U、V、W、PE 连接电动机的对应端子（中间用端子排转接）；将 PLC 直流 24V 和光纤传感器电源接到按钮模块上的直流 24V 电源上，如图 9-9 所示。

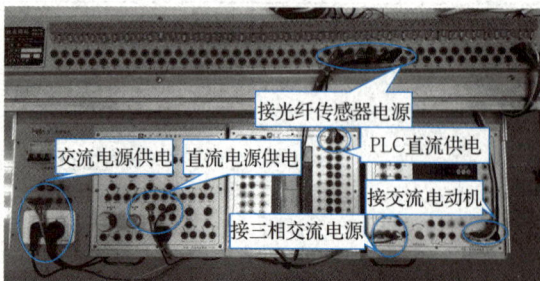

图 9-9　多段速皮带运输机电源电路接线

👥 导师说

世界各国电压标准各有不同，我国结合生产效率，工业标准用电 380V 是三相供电电压，民用标准电压为 220V。按照国际标准，本电路交流 380V 电源线，按 U、V、W 三相分别用黄、绿、红三种颜色导线进行连接。直流 24V 电源正、负极分别按红、黑色线连接。PLC 交流 220V 供电由于模块内部通过电源插头连接了，这里不再需要接线。

2．连接 PLC 输入信号电路

参照图 9-4 所示的电路原理图，输入信号一共四个，一个用于启停控制的旋钮开关和三个用于物料检测的光纤传感器。将三个光纤传感器的信号端分别接到 PLC 的 X001、X002、X003 上，将旋钮接到 X000 上。

👥 导师说

PLC 信号输入端的接线有两种方法，一种是共阳，一种是共阴。接线时一定要根据原理图进行。图 9-4 所示电路原理图为共阴接法。连接完成后如图 9-10 所示。

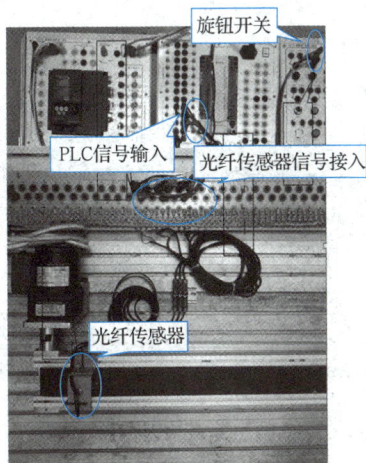

图 9-10　多段速皮带运输机 PLC 输入信号电路连接

3．连接 PLC 输出信号电路

参照图 9-4 电路原理图，将 PLC 的输出端子 COM、Y000、Y001、Y002、Y003 分别接到变频器的 SD、STF、RH、RM、RL 上。连接完成后如图 9-11 所示。

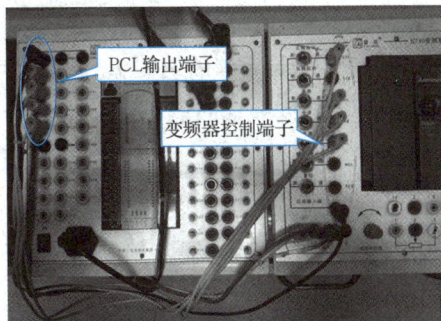

图 9-11　多段速皮带运输机 PLC 输出信号电路连接

导师说

变频器的控制信号端需要的是开关信号，这和平常用 PLC 来控制继电器是有区别的。继电器线圈需要电源，而变频器控制信号不需要，所以只需将 PLC 的 COM 端和变频器的公共输入端连接，将 PLC 输出信号接到控制端即可。

➜ 任务 9.4 设置变频器参数

9.4.1 变频器面板结构

1. 变频器的操作面板

使用变频器之前，首先要熟悉它的面板显示和键盘操作单元（或称控制单元），并且按使用现场的要求合理设置参数。变频器的操作面板如图 9-12 所示。

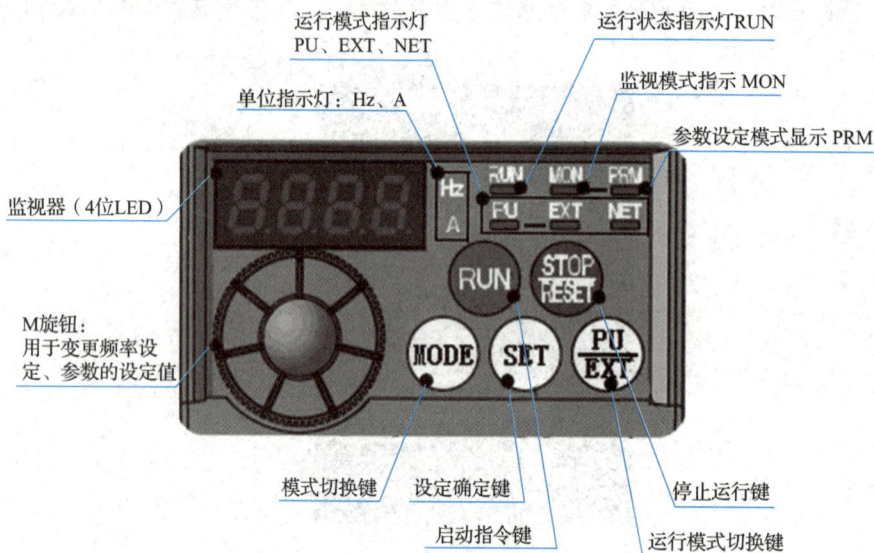

图 9-12 FR-E700 变频器的操作面板

M 旋钮（三菱变频器旋钮）：旋动该旋钮用于变更频率设定、参数的设定值。按下该旋钮可显示监视模式时的设定频率、校正时的当前设定值、报警历史模式时的顺序。

MODE 模式切换键：用于切换各设定模式。与运行模式切换键同时按下也可以用来切换运行模式。长按此键（2s）可以锁定操作。

SET 设定确定键：各设定的确定。此外，当运行中按下此键则监视器出现运行频率、输出电流、输出电压的显示。

PU/EXT 运行模式切换键：用于切换 PU/ 外部运行模式。使用外部运行模式变更参数 Pr.79。

RUN 启动指令键：在 PU 模式下，按下此键启动运行。通过 Pr.40 的设定，可以选择旋转方向。

STOP/RESET 停止运行键：在 PU 模式下，按下此键停止运转。保护功能（严重故障）生效时，也可以进行报警复位。

2．变频器的面板运行状态显示

变频器的面板运行状态显示情况描述如表 9-8 所示。

表 9-8　显示说明

类别	显示内容	说明	类别	显示内容	说明
运行模式显示	PU	PU 运行模式时亮灯	监视数据单位显示	Hz	显示频率时亮灯
	EXT	外部运行模式时亮灯		A :	显示电流时亮灯
	NET	网络运行模式时亮灯	其他显示	RUM	运行状态显示
监视器	（4 位 LED）	显示频率、参数编号等		PRM	参数设定模式显示时亮灯
				MON	监视器显示时亮灯

👥 导师说

在变频器运行状态显示中，当出现变频器动作中亮灯或者闪烁时，其中亮灯表示正转运行中；1.4s 循环，表示反转运行中；快速闪烁表示按键或输入启动指令都无法运行时、有启动指令但频率指令在启动频率以下时、输入了 MRS 信号时。

9.4.2　变频器参数设置及整机联调

1．设定变频器的控制模式

设定变频器的控制模式为外部/PU 组合运行模式。修改 Pr.79 设定值的一种方法是：按 MODE 键使变频器进入参数设定模式；旋动 M 旋钮，选择参数 Pr.79，用 SET 键确定；然后再旋动 M 旋钮选择合适的设定值，用 SET 键确定；按两次 MODE 键后，变频器的运行模式将变更为设定的模式。

2．设置变频器其余参数

任务要求如下。

1）电动机额定电流为 0.15A，频率为 50Hz。

2）运行时，上限频率为 50Hz，下限频率为 0Hz，加速时间为 1s，减速时间为 2s。

3）速度设置：高速 50Hz，中速 35Hz，低速 20Hz。

根据任务要求，设置为如表 9-9 所示的参数。

表 9-9　变频器参数设置

序号	变频器参数	出厂值	设定值	功能说明	序号	变频器参数	出厂值	设定值	功能说明
1	P1	120	50	上限频率（50Hz）	8	P79	0	3	外部 /PU 组合运行模式 1
2	P2	0	0	下限频率（0Hz）	9	P178	60	60	STF（正转指令）
3	P3	50	50	电动机额定频率	10	P179	61	61	STR（反转指令）
4	P4	50	50	RH（高速运行指令）	11	P180	0	0	RL（低速运行指令）
5	P5	30	35	RM（中速运行指令）	12	P181	1	1	RM（中速运行指令）
6	P6	10	20	RL（低速运行指令）	13	P182	2	2	RH（高速运行指令）
7	P9	变频器额定电流	0.15	电动机额定电流					

3．下载程序并进行程序监视

把程序下载到 PLC 中，下载完后单击编程界面中的"监控"按钮，查看程序的输入 / 输出情况，并根据编程思路解决程序上出现的问题，调整各个传感器的位置防止出现位置不对，影响程序的运行。

4．整机联调

在整体运行下打开启动开关，放入黑色物料让电动机以 50Hz 的速度运行，放入白色物料让电动机以 35Hz 的速度运行，放入金属物料让电动机以 20Hz 速度运行。在任何时候只要关闭启动开关传送带输送机就会马上停止并复位。

导师说

FR-E700 变频器有几百个参数，在实际使用时只需根据使用现场的要求设定部分参数，其余按出厂设定即可。一些常用参数则是应该熟悉的。关于参数设定更详细的说明请参阅 FR-E700 使用手册。

项目评价

项目评价由三部分组成，即学生自评、小组评价和教师评价。

项目检查与评价

序号	评价内容	配分	评价标准	学生评价	教师评价
1	实训器材准备	5	（1）工具准备完整性（是 □ 2分） （2）设备、仪表、材料准备完整性（是 □ 3分）		
2	设计多段速皮带运输机的PLC控制电路	15	（1）分析变频器多段速运行模式（是 □ 5分） （2）分配 I/O 地址（是 □ 5分） （3）绘制 I/O 接线图（是 □ 5分）		
3	设计多段速皮带运输机 PLC 控制程序	20	（1）启动 GX Develope、创建、保存新工程（是 □ 2分） （2）设计多段速皮带运输机程序（是 □ 5分） （3）编写多段速皮带运输机 PLC 梯形图（是 □ 8分） （4）变换、检查程序（是 □ 2分） （5）梯形图逻辑测试（是 □ 3分）		
4	安装多段速皮带运输机 PLC 控制系统	20	（1）变频器主电路的接线（是 □ 4分） （2）变频器控制电路的接线（是 □ 4分） （3）连接变频器电源通路及 PLC 供电电路（是 □ 4分） （4）连接 PLC 输入信号电路（是 □ 4分） （5）连接 PLC 输出信号电路（是 □ 4分）		
5	设置变频器参数	10	（1）设定变频器的控制模式（是 □ 5分） （2）设置变频器其余参数（是 □ 5分）		
6	调试多段速皮带运输机 PLC 控制系统	22	（1）下载程序（是 □ 2分） （2）程序监视（是 □ 4分） （3）调试程序（是 □ 8分） （4）整机联调（是 □ 8分）		
7	安全与文明生产	8	（1）环境整洁（是 □ 2分） （2）工具、仪表摆放整齐（是 □ 3分） （3）遵守安全规程（是 □ 3分）		

拓展提高　变频器

1. 变频器简介

　　变频器是由计算机控制大功率开关器件将工频交流电转换成频率和电压可调的三相交流电的电器设备。变频器由主电路和控制电路两大部分组成。主电路包括整流及滤波电路、逆变电路、制动电阻和制动单元；控制电路包括计算机控制系统、键盘与显示、内部接口及信号检测与传递、供电电源和外接控制端子等。

　　变频器选用三菱 FR-E700 系列变频器中的 FR-E740-0.75K-CHT 型变频器，该变频器额定电压等级为三相 400V，适用电动机容量 0.75kW 及以下的电动机。FR-E700 系列变频器的外观如图 9-13 所示。

图 9-13　FR-E700 系列变频器的外观

2．变频器的分类

1）按变换环节分为交-直-交型和交-交型两种。

2）按改变变频器输出电压的方法分为 PAM 调制和 PWM 调制（即脉冲幅度调制和脉冲宽度调制）两种。

3）按电压等级分为低压型（220～460V）和高压型（3kV、6kV 和 10kV）两类。

4）按滤波方式分为电压型和电流型两种。

5）按用途分为：专用型和通用型两种。

3．变频器使用注意事项

FR-E700 系列变频器虽然是高可靠性产品，但周边电路的连接方法错误以及运行、使用方法不当也会导致产品寿命缩短或损坏。

运行前请务必重新确认下列注意事项。

1）电源及电动机接线的压接端子推荐使用带绝缘套管的端子。

2）电源一定不能接到变频器输出端子（U、V、W）上，否则将损坏变频器。

3）接线时请勿在变频器内留下电线切屑。

4）为使电压降在 2% 以内，请用适当规格的电线进行接线。

5）不要使用变频器输入侧的电磁接触器启动 / 停止变频器。变频器的启动与停止请务必使用启动信号（STF、STR 信号的 ON、OFF）进行。

检测与反思

基础题

1．判断题

（1）MODE 模式切换键，用于切换各设定模式。和运行模式切换键同时按下也可以用来切换运行模式。　　　　　　　　　　　　　　　　　　　　（　　）

（2）PU/EXT 运行模式切换键，用于切换 PU/ 内部运行模式。　　　　（　　）

（3）RUN 启动指令键，在 PU 模式下，按此键启动运行。　　　　　　（　　）

（4）STOP/RESET 停止运行键，在任何模式下，按此键停止运转。　　（　　）

（5）RUN 指示灯在反转运行时长亮，正转时以 1.4s 循环闪烁。　　　（　　）

2．多项选择题

（1）M 旋钮（三菱变频器旋钮），旋动该旋钮用于变更频率设定、参数的设定值。按下该旋钮可显示（　　）。

  A．监视模式时的设定频率   B．校正时的当前设定值

  C．报警历史模式时的顺序   D．当前输出电流

（2）SET 设定确定键，用于各设定的确定。此外，当运行中按此键则监视器显示（ ）。

  A．运行频率 B．输出电流 C．输出功率   D．输出电压

（3）RUN 指示灯快速闪烁表示（ ）。

  A．按键或输入启动指令都无法运行时

  B．有启动指令，但频率指令在启动频率以下时

  C．有反转命令时

  D．输入了 MRS 信号时

提高题

1. 判断题

（1）FR-E740-0.75K-CHT 型变频器，适用电动机容量 0.75kW 及以下的电动机。（ ）

（2）使用 RH、RM 和 RL 信号，只能选择三段速度。（ ）

（3）STF 信号为 ON 时表示正转，为 OFF 时表示反转。（ ）

（4）RES 用于解除保护电路动作时的报警输出。请使 RES 信号处于 ON 状态 0.1s 或以上，然后断开。（ ）

2. 多项选择题

（1）下列属于变频器主电路的有（ ）。

  A．整流及滤波电路   B．逆变电路

  C．制动电阻   D．制动单元

（2）下列属于变频器控制电路的有（ ）。

  A．计算机控制系统   B．键盘与显示

  C．内部接口及信号检测与传递 D．供电电源和外接控制端子

（3）FR-E700 变频器控制电路端子分为（ ）这几个部分。

  A．控制输入   B．频率设定（模拟量输入）

  C．继电器输出（异常输出） D．集电极开路输出（状态检测）

  E．模拟电压输出

（4）变频器 SD 端子可作为（ ）。

  A．接点输入公共端（漏型） B．外部晶体管公共端（源型）

  C．外部晶体管公共端（漏型） D．DC24V 电源公共端

3. 简答题

（1）简述变频器有几种分类方式。

（2）简述 FR-E700 系列变频器的使用注意事项。

拓展题

通过查找变频器手册，利用 RH、RM、RL 三个端子组合实现七段速的设置，并完成如下题目要求。

1）将控制端输出情况填入下表，在空白处填入 ON/OFF。

速度	RH	RM	RL
1 速			
2 速			
3 速			
4 速			
5 速			
6 速			
7 速			

2）通过查找手册参数，将 1～7 速分别设置为：5Hz、10Hz、15Hz、20Hz、30Hz、35Hz、45Hz，并将参数填入下表。

速度	变频器参数	出厂值	设定值
1 速			
2 速			
3 速			
4 速			
5 速			
6 速			
7 速			